"十二五"职业教育国家规划教材

中等职业教育专业技能课教材

中等职业教育建筑工程施工专业规划教材

建筑装饰工程施工

（第2版）

主　编　杨效杉　刘　娜

副主编　刘东雁　张国华　付立宁

主　审　宁德伟

U0391323

武汉理工大学出版社

·武　汉·

内 容 简 介

本书是中等职业教育建筑工程施工专业规划教材之一,主要内容包括概述,抹灰工程,饰面板(砖)工程,楼、地面工程,门窗工程,吊顶工程,轻质隔墙工程和涂饰工程等部分,阐述了各部位装饰施工的施工准备、施工机具、施工流程、操作要领及质量验收标准和通病防治。

本书适用于中等职业学校建筑工程施工、建筑装饰等专业的课程教学,也可作为在职职工的岗位培训教材,还可作为建筑装饰施工企业工程技术人员的参考用书。

图书在版编目(CIP)数据

建筑装饰工程施工/杨效杉,刘娜主编. —2 版. —武汉:武汉理工大学出版社,2017.1
中等职业教育建筑工程施工专业规划教材
ISBN 978-7-5629-5218-3

Ⅰ.①建… Ⅱ①杨… ②刘… Ⅲ.①建筑装饰-工程施工 Ⅳ.①TU767

中国版本图书馆 CIP 数据核字(2016)第 322262 号

项目负责人:张淑芳
责 任 编 辑:张淑芳
责 任 校 对:张莉娟
装 帧 设 计:芳华时代
出 版 发 行:武汉理工大学出版社
社　　　　址:武汉市洪山区珞狮路 122 号
邮　　　　编:430070
网　　　　址:http://www.wutp.com.cn
经　　　　销:各地新华书店
印　　　　刷:武汉兴和彩色印务有限公司
开　　　　本:787×1092　　1/16
印　　　　张:11.75
字　　　　数:300 千字
版　　　　次:2017 年 1 月第 2 版
印　　　　次:2017 年 1 月第 1 次印刷
印　　　　数:2000 册
定　　　　价:30.00

中等职业教育建筑工程施工专业规划教材

出 版 说 明

　　为了贯彻《国务院关于大力发展职业教育的决定》精神,落实《教育部关于进一步深化中等职业教育教学改革的若干意见》,适应中等职业教育对建筑工程施工专业的教学要求和人才培养目标,推动中等职业学校教学从学科本位向能力本位转变,以培养学生的职业能力为导向,调整课程结构,合理确定各类课程的学时比例,规范教学,促使学生更好地适应社会及经济发展的需要,武汉理工大学出版社经过广泛的调查研究,分析了图书市场上现有教材的特点和存在的问题,并广泛听取了各学校的宝贵意见和建议,组织编写了一套高质量的中等职业教育建筑工程施工专业规划教材。本套教材具有如下特点:

　　1.坚持以就业为导向、以能力为本位的理念,兼顾项目教学和传统教学课程体系;

　　2.理论知识以"必需、够用"为度,突出实践性、实用性和学生职业能力的培养;

　　3.基于工作过程编写教材,将典型工程的施工过程融入教材内容之中,并尽量体现近几年国内外建筑的新技术、新材料和新工艺;

　　4.采用最新颁布的《房屋建筑制图统一标准》、《混凝土结构设计规范》、《建筑抗震设计规范》、《建设工程工程量清单计价规范》等国家标准和技术规范;

　　5.借鉴高职教育人才培养方案和教学改革成果,加强中职、高职教育的课程衔接,以利于学生的可持续发展;

　　6.由骨干教师和建筑施工企业工程技术人员共同参与编写工作,以保证教材内容符合工程实际。

　　本套教材适用于中等职业学校建筑工程施工、工程造价、建筑装饰、建筑设备等专业相关课程教学和实践性教学,也可作为职业岗位技术培训教材。

　　本套教材出版后被多所学校长期使用,普遍反映教材体系合理,内容质量良好,突出了职业教育注重能力培养的特点,符合中等职业教育的人才培养要求。全套教材被列为教育部"中等职业教育专业技能课教材",其中《建筑力学与结构》被评为"中等职业教育创新示范教材",《建筑材料及检测》等10种教材被评为"'十二五'职业教育国家规划教材"。与此同时,随着各学校课程改革成果的完成,也对本套教材进行了必要的扩展和补充,并逐步涵盖建筑装饰、工程造价和园林技术等专业课程。

中等职业教育建筑工程施工专业规划教材编委会

武汉理工大学出版社

2016 年 1 月

中等职业教育建筑工程施工专业规划教材

编 委 会 名 单

前　言

随着我国中等职业教育事业迅猛发展,职业教育的教学教改亦在不断深化,职业学校的老师们普遍形成了一种共识,就是"职业教育应以就业为导向、以能力为本位"。为了使学生能更好地适应社会和经济发展的需求,中职学校建筑类专业迫切需要一套适应目前社会需求的配套教材,以增强学生的社会竞争力,为此,武汉理工大学出版社特组织编写了本套教材。

本书按照中等职业教育建筑工程施工专业的培养目标以及"建筑装饰工程施工"课程教学大纲的要求,淡化理论知识、突出职业能力的培养,理论知识以"必需、够用"为度,突出实践性和实用性为本教材的指导思想,采用项目教学法编写而成。书中主要阐述了在民用建筑装饰装修工程中常用的门、窗、顶棚、墙面、地面的施工方法,内容包含装饰施工的施工准备、施工机具、施工流程、操作要领及质量标准和通病防治,重点讲述了各部位的施工工艺流程、操作要领及通病防治。

本书由武汉建设学校杨效杉、天津市建筑工程学校刘娜任主编,并由杨效杉进行全书统稿和协调工作。具体编写分工如下:杨效杉编写项目1、5、6;刘娜和天津市建筑工程学校刘东雁编写项目2、3、4;山西城乡学校张国华编写项目4;唐山市建筑工程中专学校付立宁编写项目8;武汉建设学校罗新桂提供插图;全书由北部湾职业技术学校宁德伟主审。

由于编者水平有限,书中难免有错误、不当之处,恳请读者批评指正。

编　者
2016 年 11 月

目　录

项目1　概述 ·· (1)

1.1　建筑装饰工程的基本任务和内容 ····································· (1)

1.1.1　基本任务 ·· (1)

1.1.2　基本内容 ·· (1)

1.1.3　装饰工程质量评定验收 ··· (2)

1.2　我国建筑装饰施工技术的现状 ······································ (3)

1.3　我国建筑装饰施工技术的发展趋势 ································· (3)

复习思考题 ··· (4)

项目2　抹灰工程 ·· (5)

2.1　抹灰工程的分类及相关知识 ·· (5)

2.1.1　抹灰工程的分类 ··· (5)

2.1.2　抹灰层的组成 ··· (6)

2.1.3　抹灰工程基本施工方法 ··· (11)

2.2　一般抹灰工程施工 ··· (15)

2.2.1　施工结构图示及施工说明 ·· (15)

2.2.2　施工作业条件 ·· (16)

2.2.3　施工材料、要求及其砂浆的拌制 ································· (16)

2.2.4　施工工具及其使用 ··· (17)

2.2.5　施工工艺流程及其操作要点 ······································ (20)

2.3　一般抹灰质量标准 ··· (26)

2.3.1　主控项目 ··· (26)

2.3.2　一般项目 ··· (27)

2.4　一般抹灰质量检验方法 ·· (27)

2.4.1　检查数量规定 ·· (27)

2.4.2　主控项目 ··· (29)

2.4.3　一般项目 ··· (29)

2.5　质量通病及防治 ··· (30)

2.6　成品保护和安全生产 ··· (32)

2.6.1　成品保护 ··· (32)

2.6.2　安全生产 ··· (33)

复习思考题 ··· (33)

项目3　饰面板(砖)工程 ··· (34)

3.1　饰面板(砖)工程的分类及相关知识 ··· (34)

3.1.1　木质饰面板工程 ··· (34)

3.1.2　石材饰面板工程 ··· (36)

3.1.3　陶瓷饰面工程 ·· (47)

3.1.4　金属饰面板工程 ··· (49)

3.1.5　玻璃幕墙工程 ·· (50)

3.2　外墙饰面砖工程施工 ··· (56)

3.2.1　施工结构图示及施工 ··· (56)

3.2.2　施工必备条件 ·· (56)

3.2.3　施工材料及其使用 ··· (57)

3.2.4　施工工具及其使用 ··· (57)

3.2.5　施工工艺流程及其操作要点 ··· (58)

3.3　质量验收标准及通病防治 ··· (60)

3.3.1　质量验收标准 ·· (60)

3.3.2　施工质量通病及防治措施 ··· (61)

3.4　成品保护和安全生产 ··· (62)

3.4.1　成品保护 ·· (62)

3.4.2　安全生产 ·· (62)

复习思考题 ·· (62)

项目4　楼、地面工程 ·· (63)

4.1　楼、地面工程的分类及相关知识 ··· (63)

4.1.1　楼地面的分类、各层名称及其定义 ······································· (63)

4.1.2　楼地面的功能要求 ··· (64)

4.1.3　楼地面的组成 ·· (65)

4.1.4　楼地面基本施工方法 ··· (66)

4.2　陶瓷地砖地面工程施工 ··· (75)

4.2.1　施工结构图示及施工说明 ··· (75)

4.2.2　施工条件 ·· (76)

4.2.3　施工材料及其要求 ··· (76)

4.2.4　施工工具及其使用 ··· (79)

4.2.5　施工工艺流程及其操作要点 ··· (80)

4.3　质量验收标准及通病防治 ··· (84)

4.3.1　质量验收标准 ·· (84)

4.3.2　施工质量通病及防治措施 ··· (88)

4.4　成品保护和安全环保措施 ··· (88)

4.4.1　成品保护 ·· (88)

　　4.4.2　安全环保措施 …………………………………………………………………… (88)
　复习思考题 ………………………………………………………………………………… (89)

项目5　门窗工程 ……………………………………………………………………… (90)
　5.1　门窗工程的分类及相关知识 ………………………………………………………… (90)
　　5.1.1　门窗的分类及组成部分 …………………………………………………………… (90)
　　5.1.2　塑钢门窗的相关知识 ……………………………………………………………… (91)
　5.2　塑钢门窗安装施工要求及步骤 ……………………………………………………… (93)
　　5.2.1　施工现场必备条件 ………………………………………………………………… (93)
　　5.2.2　施工材料准备及其检查 …………………………………………………………… (93)
　　5.2.3　施工工具准备 ……………………………………………………………………… (95)
　　5.2.4　施工结构图示及施工说明 ………………………………………………………… (95)
　　5.2.5　施工工艺流程及其操作要点 ……………………………………………………… (97)
　　5.2.6　安装质量通病及防治 ……………………………………………………………… (98)
　　5.2.7　成品保护 ………………………………………………………………………… (100)
　5.3　铝合金门窗的制作、特点及应用 …………………………………………………… (100)
　　5.3.1　铝合金门窗的制作 ……………………………………………………………… (100)
　　5.3.2　铝合金门窗的特点及应用 ……………………………………………………… (101)
　5.4　铝合金门窗安装施工要求及步骤 …………………………………………………… (105)
　　5.4.1　施工现场必备条件 ……………………………………………………………… (105)
　　5.4.2　施工材料准备及其检查 ………………………………………………………… (105)
　　5.4.3　施工工具准备 …………………………………………………………………… (107)
　　5.4.4　施工结构图示及施工说明 ……………………………………………………… (107)
　　5.4.5　施工工艺流程及其操作要点 …………………………………………………… (110)
　　5.4.6　质量验收标准及通病防治 ……………………………………………………… (114)
　　5.4.7　成品保护 ………………………………………………………………………… (117)
　复习思考题 ……………………………………………………………………………… (117)

项目6　吊顶工程 …………………………………………………………………… (118)
　6.1　吊顶工程的分类及相关知识 ……………………………………………………… (118)
　　6.1.1　吊顶的分类及组成部分 ………………………………………………………… (118)
　　6.1.2　吊顶的相关知识 ………………………………………………………………… (121)
　6.2　轻钢龙骨吊顶施工要求及步骤 …………………………………………………… (128)
　　6.2.1　施工前必备条件及应注意的问题 ……………………………………………… (128)
　　6.2.2　施工材料准备及其要求 ………………………………………………………… (128)
　　6.2.3　施工工具的准备 ………………………………………………………………… (129)
　　6.2.4　施工结构图示及施工说明 ……………………………………………………… (129)
　　6.2.5　施工工艺流程及其操作要点 …………………………………………………… (132)
　6.3　质量验收标准及通病防治 ………………………………………………………… (137)

　　6.3.1　轻钢龙骨吊顶的施工质量验收标准 ……………………………………… (137)

　　6.3.2　轻钢龙骨吊顶工程常见质量通病及防治 ………………………………… (138)

　6.4　成品保护 ……………………………………………………………………… (139)

　复习思考题 ………………………………………………………………………… (139)

项目7　轻质隔墙工程 ……………………………………………………………… (140)

　7.1　轻质隔墙工程的分类及相关知识 …………………………………………… (140)

　　7.1.1　轻质隔墙工程的组成与分类 ……………………………………………… (140)

　　7.1.2　轻质隔墙相关知识 ………………………………………………………… (140)

　7.2　轻钢龙骨石膏板隔墙工程施工要求及步骤 ………………………………… (144)

　　7.2.1　施工结构图示 ……………………………………………………………… (144)

　　7.2.2　施工必备条件 ……………………………………………………………… (144)

　　7.2.3　施工材料及其要求 ………………………………………………………… (144)

　　7.2.4　施工工具及其使用 ………………………………………………………… (147)

　　7.2.5　施工工艺流程及其操作要点 ……………………………………………… (147)

　7.3　质量验收标准及通病防治 …………………………………………………… (150)

　7.4　成品保护和安全生产 ………………………………………………………… (153)

　　7.4.1　成品保护 …………………………………………………………………… (153)

　　7.4.2　安全生产 …………………………………………………………………… (153)

　复习思考题 ………………………………………………………………………… (153)

项目8　涂饰工程 …………………………………………………………………… (154)

　8.1　涂饰工程的分类及相关知识 ………………………………………………… (154)

　　8.1.1　涂饰工程的分类 …………………………………………………………… (154)

　　8.1.2　涂饰工程的相关知识 ……………………………………………………… (155)

　8.2　外墙涂料施工要求及步骤 …………………………………………………… (161)

　　8.2.1　施工必备条件 ……………………………………………………………… (161)

　　8.2.2　施工材料的选择及其要求 ………………………………………………… (161)

　　8.2.3　施工工具及其使用 ………………………………………………………… (161)

　　8.2.4　施工结构图示及施工说明 ………………………………………………… (167)

　　8.2.5　施工工艺流程及其操作要点 ……………………………………………… (167)

　8.3　质量验收标准及通病防治 …………………………………………………… (171)

　　8.3.1　质量验收标准 ……………………………………………………………… (171)

　　8.3.2　质量通病及防治 …………………………………………………………… (173)

　8.4　成品保护和安全生产 ………………………………………………………… (175)

　　8.4.1　成品保护 …………………………………………………………………… (175)

　　8.4.2　安全生产 …………………………………………………………………… (175)

　复习思考题 ………………………………………………………………………… (176)

参考文献 …………………………………………………………………………… (177)

项目 1 概 述

教学目标

1.了解建筑装饰工程的基本任务、内容;

2.了解我国建筑装饰工程施工技术的现状及发展方向、趋势。

1.1 建筑装饰工程的基本任务和内容

1.1.1 基本任务

建筑装饰工程施工是专门研究装饰施工工艺的基本原理和方法的一门学科。它是解决如何运用各种施工工具、手段、方法及合适的装饰材料对建筑结构构件或使用空间的内外表面进行包覆、修饰,以体现装饰设计意图的过程,也是消耗各种装饰材料和影响装饰工程造价的重要环节。

建筑装饰工程施工的任务就是按照设计和合同要求运用各种装饰材料,采用先进的装饰施工工艺,遵循装饰工程的操作规程和国家质量验收规范,将建筑物的各立面和室内装扮得丰富多彩,达到保证设计功能的需要,符合业主对工程施工质量、工期、费用、环保等方面的要求,从而满足业主的生活需要和精神需求。

通过学习,应能正确选用装饰材料、合理运用机具、规范操作、正确处理质量通病、掌握质量要求和验收标准等。

1.1.2 基本内容

装饰施工涉及的内容广泛,按大的装饰工程部位划分,有室内装饰施工、室外公共装饰施工;按一般工程部位划分,有墙柱面装饰施工、楼(地)面装饰施工、顶面装饰施工以及门窗装饰施工等;按装饰等级划分,有特级装饰工程、高级装饰工程、中级装饰工程、一般装饰工程。各等级相应的主要建筑详见表1.1。

建筑装饰装修的等级标准是一个综合性的指标,不同类型的建筑物,其等级划分的指标内容不尽相同。在一般情况下,装饰工程的等级标准指标主要由装饰材料来决定,这是因为装饰材料的档次通常决定了装饰工程的造价。对于有特殊用途的建筑物,其装饰工程等级标准指标还包括更为复杂的内容。比较典型的是旅游涉外饭店,旅游涉外饭店的星级标准是根据饭店的建筑、装潢、设备、设施条件和维修保养状况、内部管理水平和服务质量的高低以及服务项目的多寡等进行全面考察,综合权衡而确定的。

表 1.1　建筑装饰装修等级及相应主要建筑物

特级建筑 装饰装修	国家级纪念性建筑、大会堂、国宾馆、博物馆、美术馆、图书馆、剧院;国际会议中心、贸易中心、体育中心;国际大型港口、国际大型俱乐部
高级建筑 装饰装修	省级博物馆、图书馆、档案馆、展览馆;高级教学楼、科学研究实验楼、高级俱乐部、大型医院的疗养中心、医院门诊楼;电影院、邮电局、三星级以上宾馆;大型体育馆、室内溜冰场、游泳馆、火车站、候机楼;省、部级机关办公楼;综合商业大楼、高级餐厅、地市级图书馆等
中级建筑 装饰装修	旅馆、招待所、邮电所、托儿所、综合服务楼、商场、小型车站;重点中学、中等职业学校的教学楼、实验楼、电教楼等
初级建筑 装饰装修	一般办公楼、中小学教学楼、阅览室、蔬菜门市部、杂货店、公共厕所、汽车库、消防车库、消防站、一般住宅等

按装饰施工工艺划分主要有以下几方面内容:

(1)门窗装饰施工　包括木门窗、铝合金门窗、塑钢门窗及新型全玻璃门、玻璃幕墙等施工工艺。

(2)抹灰装饰施工　包括一般抹灰、各种装饰抹灰等施工工艺。

(3)涂料饰面施工　包括内外墙涂料饰面、混色油漆、清水油漆等施工工艺。

(4)裱糊贴面施工　包括内外墙镶贴面砖面板、裱贴墙纸、墙布等施工工艺。

(5)镶板饰面施工　包括木龙骨镶板隔断、轻钢龙骨镶板隔断、金属面板包墙柱等施工工艺。

(6)楼、地面装饰施工　包括整体地面、大理石地面、花岗岩地面、木地板、塑料地板、地毯等施工工艺。

(7)顶棚装饰施工　包括木龙骨顶棚、轻钢龙骨顶棚、铝合金吊顶顶棚等施工工艺。

(8)其他装饰施工　包括橱窗、店面装饰、玻璃装饰、细木工装饰等施工工艺。

1.1.3　装饰工程质量评定验收

目前,我国建筑装饰工程所表现的形式主要有两种情况:一种是装饰工程为建筑工程的一个分部工程,其施工项目为建筑工程的装饰分部工程中的分项工程;另一种是装饰工程为一个独立的单位工程时,其施工内容为装饰工程的分部、分项工程。当装饰工程为建筑工程的分部工程时,其质量检验的标准应遵循国家标准《建筑工程施工质量验收统一标准》(GB 50300—2013),与其他分部工程一并进行验收。对于以承包建筑装饰工程为营业范围的装饰施工企业,尤其是从事独立的单位(或单项)工程施工时,必须严格执行《建筑装饰装修工程质量验收规范》(GB 50210—2001)。

装饰分部、分项工程质量评定的顺序是先评定分项工程质量,在此基础上采用统计方法评定分部工程质量。分部、分项工程的质量等级均为"合格"和"优良"两级。分项工程按照检验的要求和方法不同,检验项目可分为保证项目、基本项目和允许偏差项目。保证项目是必须达到的要求,是保证工程安全或使用功能的重要项目,在验收规范和标准中一般用"必须"和"严禁"表述;基本项目是保证工程安全或使用性能的基本要求,在验收规范和标准中一般用"应"或"不应"表述;允许偏差项目是检查项目允许偏差范围,在验收规范和标准中一般会给出允许偏差值和检查方法。

质量评定的步骤是:确定分部项目名称→保证项目检查→基本项目检查→允许偏差项目检查→填写分项工程质量评定表→统计分项评定表→填写分部工程质量评定表。

1.2　我国建筑装饰施工技术的现状

建筑装饰是建筑业的延伸与发展,是我国的新兴行业,它伴随着建筑业在改革开放的大潮中应运而生,从无到有,从小到大,逾30年历程,发展到今天已成为我国国民经济的支柱产业之一。同时,建筑装饰行业的施工技术、装饰材料的制造技术也有了很大的进步,如幕墙施工技术、石材干挂施工技术、高性能胶粘剂的使用、复合材料的运用、油漆环保材料的广泛运用等。建筑装饰行业常用的各种电动工具已经在全行业得到了普及。有的企业已经开始走装饰配件生产工厂化、现场施工装配化的路子,这种新型施工方式已经显示出工期短、质量好、无污染等特点。

但是,建筑装饰装修行业的发展受制于我国工业专业化发展程度。装饰部品组合尚不成熟,售后服务滞后以及专业人才的严重不足和培养滞后影响着行业的健康发展,以目前的技术力量远远不能适应新形势的需要。因此,我们必须加大研发新型建筑材料的力度,改善产品适用度及配套性,同时也必须迅速地培养各级装饰装修方面的专业人才。

1.3　我国建筑装饰施工技术的发展趋势

随着科学技术的发展和社会的进步,建筑装饰施工技术也发生了质的变化,逐渐从过去的湿作业向干作业、多元化、复杂化方向发展。建筑装饰施工技术的发展呈现出一系列重要趋势。

(1)技术化发展趋势

新技术革命成果向建筑装饰领域的全方位、多层次渗透,是技术运动的现代特征,是建筑装饰施工技术向高技术化发展的基本形式。

(2)生态化发展趋势

生态化促使建材技术向着开发高质量、低消耗、长寿命、高性能、生产与废弃后的降解过程对环境影响最小的建筑材料方向发展,要求建筑设计目标、设计过程以及建筑工程的未来运行,都必须考虑对生态环境的消极影响。尽量选用低污染、低能耗的建筑装饰材料与技术设备,提高建筑物的使用寿命,力求使建筑物与周围生态环境和谐一致。在使用高科技材料的同时也要有助于周围生态环境的和谐发展。另外,在建筑使用价值结束后建筑的本身对周围环境的影响也要在建筑装饰施工过程中考虑。

(3)工业化发展趋势

工业化是现代建筑业的发展方向,用标准化、工厂化的成套技术改造建筑装饰行业的传统运行方式。标准化的实施带来建筑装饰施工技术的高效率,为今后的工业建筑施工技术的统一化提供了可能。

建筑装饰施工技术的发展趋势与多方面因素有关,但是最终的方向取决于生产的需求、科技的进步、生态的需求。建筑装饰施工技术将向着高科技和统一化的趋势发展。

复习思考题

1.1　建筑装饰工程的基本任务是什么？

1.2　建筑装饰工程的基本内容是什么？

1.3　建筑装饰工程质量评定的步骤是什么？

项目 2　抹　灰　工　程

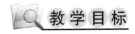

建筑装饰抹灰工程的类别有很多。在本项目中,需要熟悉和掌握抹灰工程的分类和抹灰工程的组成;了解抹灰工程的施工工序及抹灰工程的作用。

2.1　抹灰工程的分类及相关知识

抹灰工程是用砂浆或灰浆涂抹在建(构)筑物的墙、地、顶棚表面上的一种传统的装饰工程,我国有些地区习惯上把它叫做"粉饰"。

抹灰工程是建筑工程的装修分部以及装饰工程中的一个基本分项工程,可独立满足建筑空间及墙体表面的一般使用功能和装饰要求,也可作为其他装饰、装修分项工程的基层。随着国民经济水平的提高以及新材料、新技术、新工艺和新设备的不断出现,中、高级装饰建筑日益增多,使抹灰工程逐渐走向专业化。

在一般民用建筑施工中,抹灰工程占有很大比重,平均每平方米的建筑面积就有 $3\sim5m^2$ 的室内抹灰,有 $0.15\sim1.3m^2$ 的外檐抹灰;劳动量占总劳动量的 $15\%\sim30\%$;工期占总工期的 $30\%\sim40\%$;造价占总造价的 30% 左右。对一些装饰要求高的房屋建筑,装饰分部工程的工期和造价更是占整个建筑物总工期和总造价的 50% 以上。

抹灰工程的作用主要有:

(1)保护建筑结构,阻挡雨、雪、风、霜和日晒对主体结构的直接侵蚀,增强防风化的能力,提高主体结构的耐久性,延长房屋结构的使用寿命;

(2)起到一定的保温、隔热、隔声等作用,改善房屋的使用条件;

(3)增强建筑物的艺术感,美化城市;

(4)使房屋内部平整明亮、清洁美观,美化室内空间及改善采光条件;

(5)给人以舒适、愉快之感,成为装饰艺术的一个重要部分;

(6)有些抹灰还具有特殊作用,如防水、防潮、防射线、耐酸碱腐蚀等。

2.1.1　抹灰工程的分类

抹灰工程分为内(墙)抹灰和外(墙)抹灰。通常把位于室内各部位的抹灰叫内(墙)抹灰,如楼地面、顶棚、墙裙、踢脚线、内楼梯等;把位于室外各部位的抹灰叫外(墙)抹灰,如外墙、雨篷、阳台、屋面等。

抹灰工程按使用材料和装饰效果不同可分为一般抹灰、装饰抹灰和特种抹灰三大类;按工程部位不同又可分为墙面抹灰、顶棚抹灰和地面抹灰三种。

一般抹灰按使用机械不同可分为人工抹灰与机械喷涂抹灰两种施工操作方法;按使用要

求、质量标准和操作工序不同分为普通抹灰和高级抹灰。普通抹灰为一底层、一中间层、一面层、三遍成活,设置标筋,分层赶平,阳角找方,修整,表面压光;高级抹灰为一底层、若干个中间层、一面层,多遍成活,设置标筋,阴、阳角找方,分层赶平、修整,表面压光。

2.1.2 抹灰层的组成

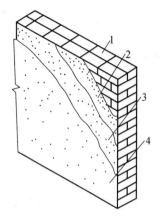

图 2.1　抹灰层的组成
1—基层;2—底层;
3—中层;4—面层

抹灰层的组成如图 2.1 所示。对各层的要求如下:

1. 基层

一般均应清除基层表面的灰尘、污垢;填平脚手眼孔洞、管线沟槽、门窗框缝隙,并在抹灰前酌情洒水润湿。

抹灰前必须对基层予以处理:

(1)砖墙基层表面挤出的灰缝应剔除,使抹灰面平顺,如图 2.2(a)所示。对于砖砌体的基层,应待砌体充分沉降后,方能进行底层抹灰,以防砌体沉降拉裂抹灰层。

(2)混凝土墙面应凿毛,或刮 108 胶水泥腻子,如图 2.2(b)所示。

(3)木板条墙基层中的板条间应有 8～10mm 的间隙,如图 2.2(c)所示。

(4)在不同结构基层的交接处(如砖墙、板条墙或混凝土墙的连接)应先铺钉一层金属网,如图 2.3 所示,其与相交基层的搭接宽度应各不小于 100mm,以防抹灰层因基层温度变化胀缩不一而产生裂缝。

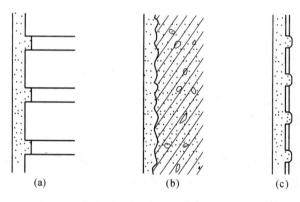

(a)　　　　　　　　　　(b)　　　　　　　　(c)

图 2.2　抹灰基层处理
(a)砖基层;(b)混凝土基层;(c)板条基层

(5)在门口、墙、柱易受碰撞的阳角处,宜用 1:3 的水泥砂浆抹出不低于 1.5m 的护角,如图 2.4 所示。

2. 底层

底层的作用是使抹灰层能与基层牢固结合,并对基层进行初步找平。一般底层厚度为 5～9mm。底层涂抹后,应间隔一定时间让其干燥和水分蒸发,然后再涂抹中层或罩面灰。

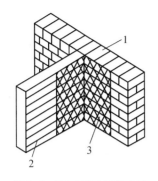

图 2.3 不同基层接缝处理

1—砖墙;2—板条墙;3—钢丝网

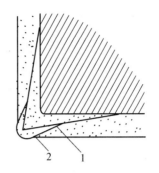

图 2.4 墙柱阳角包角抹灰

1—1:1:4水泥白灰砂浆;2—1:2水泥砂浆

3. 中层

中层主要起找平作用,厚度一般为 5～12mm。根据质量要求不同,可一次或分次涂抹。中层涂抹之后,在灰浆凝固之前应每隔一定距离交叉刻痕,或用木抹子抹成麻面,以使其与下一中层或面层能更好地粘结。待中层干至五六成时,即可涂抹下一层。

4. 面层

面层亦称罩面,主要起装饰作用,故操作必须仔细,确保表面平整、光滑、无裂痕。面层厚度一般为 2～5mm。

抹灰层的总厚度为 15～20mm,最厚不得超过 25mm,所用材料、配比及施工要点视基层和使用要求不同而异。表 2.1、表 2.2 所列为墙面、顶棚抹灰的一般做法。

表 2.1 墙面抹灰一般做法

名称	适用范围	分层做法	厚度(mm)	操作要点
石灰砂浆抹灰	砖墙基层	第一层:1:2:8(石灰膏:砂:黏土)砂浆打底;	13	
		第二层:1:2～1:2.5 石灰砂浆面层压光	6	
		第一层:1:3石灰砂浆或 1:2.5 石灰炉渣打底;	13	1.刮石灰膏后 2h,未干前再压实抹光一遍; 2.如以石屑代砂,以 0.3～0.5mm 粒径石屑为宜
		第二层:在底层潮湿时刮石灰膏	1	
		第一层:1:3石灰砂浆打底;	12	1.锯末过 5mm 孔筛,使用前与石灰膏拌和均匀,经钙化24h,使木屑纤维软化; 2.适用于有吸声要求的房间
		第二层:石灰木屑(或谷壳)抹面	10	
		第一层:1:3石灰砂浆打底;	13	
		第二层:待底子灰稍干,用1:1石灰砂浆随抹随搓平压光		

续表 2.1

名称	适用范围	分层做法	厚度(mm)	操作要点
混合砂浆抹灰	砖墙基层	第一层:1:1:3:5(水泥:石灰膏:砂子:木屑)打底 第二层:1:1:3.5 混合砂浆罩面,分两遍成活,木抹子搓平	15～18	1.适用于有吸声要求的房间; 2.锯木过 5mm 孔筛,使用前与石灰膏拌和均匀,经钙化 24h 时,使木屑纤维软化
混合砂浆抹灰	用于做油漆墙面抹灰	第一层:1:0.3:3水泥石灰砂浆打底; 第二层:1:0.3:3水泥石灰砂浆罩面	13 5～8	
水泥砂浆抹灰	用于潮湿基层,如墙裙、踢脚线	第一层:1:2水泥砂浆打底; 第二层:1:2.5 水泥砂浆罩面压光	13 5～8	1.底子分两遍成活,头遍要压实,表面扫毛; 2.待5～6成干时抹第二遍
水泥砂浆抹灰	水池、窗台	第一层:1:2.5 水泥砂浆打底; 第二层:1:2 水泥砂浆罩面	13 5	水池抹灰要找出泛水
水泥砂浆抹灰	加气混凝土基层	第一层:1:5(108 胶:水)水溶液涂刷基层; 第二层:1:3水泥砂浆打底; 第三层:1:2.5 水泥砂浆罩面	5 5	1.抹灰前将墙面浇水润湿; 2.108 胶水溶液要涂刷均匀; 3.先薄刮一遍底灰后,再抹底子灰; 4.打底后隔 2d 罩面
纸筋灰(或麻刀灰、玻璃丝灰)抹灰	砖墙基层	第一层:1:3石灰砂浆或 1:2.5水泥炉渣砂浆、1:3水泥石屑浆打底 第二层:纸筋灰或麻刀灰、玻璃丝灰罩面	13 2	1.石屑粒径以 0.3～0.5mm 为宜; 2.高级装饰宜分两遍成活,第二遍用沥浆灰
纸筋灰(或麻刀灰、玻璃丝灰)抹灰	混凝土基层	第一层:1:3:9水泥石灰砂浆打底; 第二层:纸筋灰罩面	13 2	1.刷素水泥浆后应随即抹底子灰; 2.底子灰分两遍成活,头遍要压实,待5～6成干时抹二遍灰
纸筋灰(或麻刀灰、玻璃丝灰)抹灰	加气混凝土基层	第一层:1:3:9水泥石灰砂浆打底; 第二层:1:3石灰砂浆找平; 第三层:纸筋灰罩面	2 13 2	1.抹灰时应将加气板(块)面浮粉扫净,并提前 2d 多次浇水湿透; 2.小拉毛完后,宜用喷雾器喷水养护 2～3d; 3.待找平层6～7成干时,喷水湿润后进行罩面
纸筋灰(或麻刀灰、玻璃丝灰)抹灰	加气混凝土基层	第一层:1:0.2:3水泥石灰砂浆小拉毛 第二层:1:0.5:4水泥石灰砂浆找平,或机械喷涂; 第三层:纸筋灰罩面	3～5 8～10 2	

续表 2.1

名称	适用范围	分层做法	厚度(mm)	操作要点
纸筋灰(或麻刀灰)、玻璃丝灰抹灰	板条、苇箔基层	第一层:麻刀灰掺10%水泥打底;	3	1.板条抹灰时,底子灰要横着板条方向抹并挤入缝隙;
		第二层:将1:2.5石灰砂浆紧压入底子灰中(本身无厚度);	6	2.苇箔抹灰时,底子灰要顺着苇箔方向抹并挤入缝隙;
		第三层:1:2.5石灰砂浆找平层;	13	3.在第二遍灰6～7成干时,抹第三遍灰,在第三遍6～7成干时,抹第四遍灰
		第四层:纸筋灰罩面	2	
水砂面层抹灰	适用于高级建筑内墙面	第一层:1:2～1:3麻刀灰砂浆打底,分两遍成活,要求表面平整垂直;	13	1.使用材料 水砂:即沿海地区的细砂,平均粒径0.15mm; 石灰:洁白块灰,氧化钙含量不少于75%; 水:饮用水。
		第二层:水砂抹面,分两遍抹成,应在第一遍砂浆略有收水时即进行第二遍抹灰,第一遍竖向抹,第二遍横向抹;	2～3	2.水砂砂浆拌制 将淘洗清洁的砂和热灰浆进行拌和,拌和后水砂呈淡灰色为宜,稠度12.5cm,其质量配合比为热灰浆:水砂=1:0.75,每1m³水砂砂浆约用水砂750kg,块灰300kg。
		第三层:水砂抹完后,用钢皮抹子压光两遍,最后用钢皮抹子先横向后竖向溜光,至表面密实光滑为止		3.使用热灰浆的目的在于使砂内盐分尽快蒸发,防止墙面产生龟裂,水砂拌和后置于池内进行硝化,3～7d后方可使用

表 2.2　顶棚抹灰一般做法

名称	分层做法	厚度(mm)	操作要求
现浇混凝土楼板顶棚抹灰	第一层:1:0.5:1水泥石灰砂浆打底;	2～3	1.抹头道灰时必须与模板木纹的方向垂直,用钢皮抹子用力抹实,越薄越好;
	第二层:1:3:9水泥石灰砂浆找平;	6～9	2.底子灰抹完后接着抹第二遍找平层;
	第三层:纸筋灰罩面		3.待6～7成干时即应罩面
	第一层:1:2:4水泥纸筋灰砂浆打底;	2～3	
	第二层:1:2纸筋灰砂浆找平;	10	
	第三层:纸筋灰罩面	2	
	第一层:1:0.5:4水泥石灰砂浆打底;	8	底子灰应连续操作
	第二层:纸筋灰罩面	2	

续表 2.2

名称	分层做法	厚度(mm)	操作要求
预制混凝土楼板顶棚抹灰	第一层:1:1:6水泥纸筋灰砂浆打底; 第二层:1:1:6水泥细纸筋灰砂浆罩面压光	7 5	适用于机械喷涂抹灰用
	第一层:1:1水泥砂浆(加2%醋酸乙烯乳液)打底; 第二层:1:3:9水泥石灰砂浆找平; 第三层:纸筋灰罩面	2 6 2	1.适用于高级装饰抹灰; 2.底子灰需养护2~3d后再做找平层
板条、苇箔顶棚抹灰	第一层:麻刀灰掺10%水泥打底; 第二层:接着将1:2.5石灰砂浆压入底子灰中(本身无厚度); 第三层:1:2.5石灰砂浆找平层; 第四层:纸筋灰罩面	3 6 2	在较大面积的板条顶棚抹灰时要加麻筋,即抹灰前用25cm长的麻丝拴在钉子上,钉在吊顶的小龙骨上。每30cm一颗,每2根龙骨麻钉错开15cm,在抹底子灰时将麻筋分开成燕尾形抹入
板条、钢板网顶棚抹灰	第一层:1:2:1水泥石灰砂浆(略掺麻刀)打底,灰浆要挤入网眼中; 第二层:接着将1:0.5:4水泥石灰砂浆压入第一遍灰中(本身无厚度); 第三层:1:3:9水泥石灰砂浆找平; 第四层:纸筋灰罩面	3 6 2	1.板条之间应离缝30~40mm,端头离缝5mm钉钢板网; 2.找平层6~7成干时即进行罩面
钢板网顶棚抹灰	第一层:1:1.5~1:2石灰砂浆打底,灰浆要挤入网眼中; 第二层:挂麻筋,将小束麻丝每隔30cm左右挂在钢板网网眼上,两端纤维垂下长度为25cm; 第三层:1:2.5石灰砂浆分两遍成活,每遍将悬挂的麻筋向四周散开1/2抹入灰浆中; 第四层:纸筋灰罩面	3 3 2	1.钢板吊顶龙骨以40cm×40cm方格为宜; 2.为避免木龙骨收缩变形引起抹灰层开裂,可使用φ6钢筋,间距20cm,拉直钉在木龙骨上,然后用铅丝把钢板网撑紧绑在钢筋上; 3.适用于大面积厅、堂等高级装饰工程

续表 2.2

名称	分层做法	厚度(mm)	操作要求
高级装饰顶棚抹灰(石膏灰抹灰)	第一层:1:2~1:3麻刀灰砂浆打底抹干(分两遍成活),要求表面平整平直; 第二层:13:6:4(石膏粉:水:石灰膏)灰浆罩面,分两遍成活,在第一遍未收水时即进行第二遍抹灰,随即用铁抹子修补压光两遍,最后用铁抹子溜光至表面密实光滑为止	6~9 2	1. 底子灰为麻刀灰,应在20d前化好备用,其麻刀为白麻丝,石灰宜用2:8块灰,配合比(质量比)为麻丝:石灰=75:1300; 2. 石膏一般宜用2级建筑石膏,结硬时间为5min左右,0.08mm筛孔筛余量不大于10%; 3. 配制罩面石膏浆时,先将石灰膏作缓凝剂加水搅拌均匀,随后按比例加入石膏粉,随加随拌和,稠度为10~12cm即可使用; 4. 抹灰前,基层表面应清扫并浇水润湿; 5. 石膏浆应随用随拌随抹,墙面抹灰要一次成活,不得留接槎; 6. 基层不宜用水泥砂浆或混合砂浆打底,亦不得掺用氯盐,以防泛潮导致面层脱落
	第一层:1:2:9水泥石灰混合砂浆打底; 第二层:6:4或5:5石膏石灰膏灰浆罩面,也可用石膏掺水胶	6~9 2	

2.1.3 抹灰工程基本施工方法

抹灰工程施工操作属传统工艺,在长期的施工技术发展中形成了多种抹灰施工操作方法,其中装饰抹灰工艺种类较多,其特点是底层的做法基本相同(均为1:3水泥砂浆打底),但面层的操作在材料的种类、工具选用、操作方法上各有不同,并且装饰抹灰的成品效果也各具特色。

1. 一般抹灰施工工艺

(1)一般抹灰

一般抹灰是指使用石灰砂浆、水泥混合砂浆、水泥砂浆、聚合物水泥砂浆、麻刀灰、纸筋灰以及石膏灰等抹灰材料进行施工,属于大面积平面抹灰。一般抹灰多为手工操作。为了控制抹灰层的厚度和平整度,在抹灰前还必须先找好规矩,即四角规方,横线找平,竖线吊直,弹出准线和墙裙、踢脚板线,并在墙面做出标志(灰饼)和标筋(冲筋),以便找平,最后进行罩面。

(2)机械喷涂抹灰

机械化抹灰可提高工效,减轻劳动强度和保证工程质量,是抹灰施工的发展方向。目前应用较广的为机械喷涂抹灰,它的工艺流程如图2.5所示。其工作原理是利用灰浆泵和空气压缩机将灰浆及压缩空气送入喷枪,在喷嘴前形成灰浆射流,将灰浆喷涂在基层上。

喷嘴的构造如图2.6所示,其口径一般为16mm、19mm、25mm,喷嘴距墙面控制在100~300mm范围内。当喷涂干燥、吸水性强、冲筋较厚的墙面时,喷嘴离墙面距离为100~180mm,并与墙面成90°角,喷枪移动速度应稍慢,压缩空气量宜小些;对潮湿、吸水性差、冲筋较

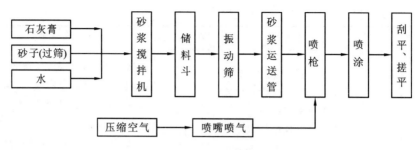

图 2.5　机械喷涂抹灰工艺流程

薄的墙面,喷嘴离墙面的距离为 150～300mm,并与墙面成 65°角,喷枪移动速度可稍快些,空气量宜大些,这样喷射面大,灰层较薄,灰浆不易流淌。喷射压力可控制在 0.15～0.2MPa 之间,压力过大时射出速度快,会使砂子弹回;压力过小时冲击力不足,会影响粘结力,造成砂浆流淌。

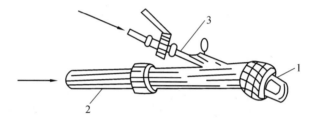

图 2.6　喷枪的构造
1—可调换的喷嘴;2—输浆管;3—送气阀

喷涂抹灰所用砂浆稠度为 90～110mm,其配合比:石灰砂浆为 1:3～1:3.5,水泥石灰混合砂浆为 1:1:4。喷涂必须分层连续进行,喷涂前应先进行运转,疏通和清洗管路,然后压入石灰膏润滑管道,避免堵塞;每次喷涂完毕,亦应将石灰膏输入管道,把残留的砂浆带出,再压送清水冲洗,最后送入气压为 0.4MPa 的压缩空气吹刷数分钟,以防砂浆在管路中结块而影响下次使用。

目前机械喷涂抹灰仅适用于底层和中层,而喷涂后的找平、搓毛、罩面等工序仍需用手工操作。要实现抹灰工程的全面机械化,还有待于进一步研究、解决。

2.装饰抹灰施工工艺

(1)水刷石

水刷石是一种传统装饰抹灰。大墙面采用水刷石,往往以分格分色来取得艺术效果,也可用于檐口、腰线、窗楣、门窗套、柱面等部位。

先用 1:3 水泥砂浆抹底层,待 24h 后浇水养护,硬化后浇水润湿,再薄刮一层 1mm 厚的水泥浆,随即用厚 8～12mm、稠度 50～70mm、配合比 1:1.25 的水泥石渣浆抹平压实,待其达到一定强度(用手指按无陷痕印时),用刷子蘸水刷掉面层水泥浆,使石子表面全部外露,然后用水冲洗干净。

(2)水磨石

在 1:3 水泥砂浆底层上洒水润湿,刮水泥浆一层(厚 1～1.5mm)作为粘结层,找平后按设计要求布置并固定分格嵌条(铜条、铝条、玻璃条),随后将不同颜色的水泥石渣浆(水泥:石子

=1:1~1.25)填入分格中,厚 8mm(比嵌条高出 1~2mm),抹平压实。待罩面灰半凝固(1~2d)后,用磨石机浇水开磨至光滑发亮为止。每次磨光后,用同色水泥浆填补砂眼,每隔 3~5d 再按同法磨第二遍或第三遍,有的工程还要求用草酸擦洗和进行打蜡。

(3)斩假石

斩假石又称剁斧石,即在水泥砂浆的基层上,抹水泥石子砂浆,待硬化后,用剁斧、凿子等工具斩成有规律的槽缝石纹,像天然花岗岩。斩假石装饰效果好,多用于纪念性建筑物的外墙装饰抹灰。

先用 1:2~1:2.5 水泥砂浆打底,待 24h 后浇水养护,硬化后在表面洒水润湿,刮素水泥浆一道,随即用 1:1.25 水泥石渣浆(内掺 30% 石屑)罩面,厚 10mm,抹完后要注意防止日晒或冰冻。养护 2~3d(强度达 60%~70%),用剁斧将面层斩毛。剁的方向要一致,剁纹深浅要均匀,一般两遍成活,分格缝周边、墙角、柱子的棱角周边留 15~20mm 不剁,即可做出似用石料砌成的装饰面。

(4)干粘石

先在已经硬化的厚 12mm 的 1:3 水泥砂浆底层上浇水润湿,再抹上一层厚 6mm 的 1:2~1:2.5 的水泥砂浆中层,随即紧跟抹上厚 2mm 的 1:0.5 水泥石灰膏浆粘结层,同时将配有不同颜色的(或同色的)小八厘石碴略掺石屑后甩粘拍平压实在粘结层上。拍平压实石子时,不得把灰浆拍出,以免影响美观,待有一定强度后洒水养护。

有时可用喷枪将石子均匀有力地喷射于粘结层上,用铁抹子轻轻压一遍,使表面搓平。如在粘结层砂浆中掺入 107 胶,可使粘结层砂浆抹得更薄,石子粘得更牢。

(5)干粘彩色瓷粒饰面

将彩色瓷粒粘在水泥砂浆、彩色水泥砂浆或混合砂浆等底层上,具有特殊的装饰效果。彩色瓷粒是以石英、长石和瓷土等为主要原料经烧制而成的陶瓷小颗粒,粒径 1.2~3mm,颜色很多。其操作方法是:

① 水泥砂浆打底:用 1:(2.5~3.0)水泥砂浆打底,木抹子搓平。

② 聚合物水泥砂浆粘结层:以 1:2:0.1 聚合物水泥(白水泥)砂浆做粘结层。

③ 粘彩色瓷粒:随抹粘结层随粘彩色瓷粒。

④ 表面处理:养护 2~3d,表面罩有机硅防水剂一道。

(6)拉毛灰和洒毛灰

拉毛灰是将底层用水湿透,抹上 1:(0.05~0.3):(0.5~1)水泥石灰罩面砂浆,随即用硬鬃刷或铁抹子进行拉毛。鬃刷拉毛时,用刷蘸砂浆往墙上连续垂直拍拉,拉出毛头。铁抹子拉毛时,则不蘸砂浆,只用抹子粘结在墙面随即抽回,要做到快慢一致,拉得均匀整齐,色泽一致,不露底,在一个平面上要一次成活,避免中断留槎。

洒毛灰(又称撒云片)是用茅草小帚蘸 1:1 水泥砂浆或 1:1:4 水泥石灰砂浆,由上往下洒在润湿的底层上,洒出的云朵须错乱多变、大小相称、空隙均匀。亦可在未干的底层上刷上颜色,然后不均匀地洒上罩面灰,并用抹子轻轻压平,使其部分地露出带色的底子灰,使洒出的云朵具有浮动感。

(7)喷涂饰面

喷涂饰面是用喷枪将聚合物砂浆均匀喷涂在底层上,此种砂浆由于加入了 108 胶或二元乳液等聚合物,具有良好的抗冻性及和易性,能提高装饰面层的表面强度与粘结强度。通过调整砂浆的稠度和喷射压力的大小,可喷成砂浆饱满、波纹起伏的"波面"或表面不出浆而满布细碎颗粒的"粒状";亦可在表面涂层上再喷以不同色调的砂浆点,形成"花点套色"。

表2.3所示为喷涂饰面所用砂浆的配合比。

表2.3 喷涂饰面砂浆参考配合比(质量比)

饰面做法	水泥	颜料	细骨料	甲基硅醇钠	木钙粉	108胶	石灰膏	砂浆稠度(mm)
波 面	100	适量	200	4～6	0.3	10～15		12～14
波 面	100	适量	400	4～6	0.3	20	100	13～11
粒 状	100	适量	200	4～6	0.3	10		10～11
粒 状	100	适量	400	4～6	0.3	20	100	10～11

其分层做法为:①10～13mm厚1:3水泥砂浆打底,木抹搓平。采用滑升、大模板工艺的混凝土墙体,可以不抹底层砂浆,只作局部找平,但表面必须平整。在喷涂前,先喷刷1:3(胶:水)107胶水溶液一道,以保证涂层粘结牢固。②喷涂饰面层至3～4mm厚,要求三遍成活。③饰面层收水后,在分格缝处用铁皮刮子沿着靠尺刮去面层,露出基层,做成分格缝,缝内可涂刷聚合物水泥浆。④面层干燥后,喷罩甲基硅醇纳憎水剂,以提高涂层的耐久性和减少墙面的污染。

近年来还广泛采用塑料涂料(如水性或油性丙烯树脂、聚氨酯等)作喷涂的饰面材料。实践证明,外墙喷塑是今后建筑装饰的一个发展方向,它具有防水、防潮、耐酸、耐碱的性能,面层色彩可任意选定,对气候的适应性强,施工方便,工期短等优点。

(8)滚涂饰面

滚涂饰面是将带颜色的聚合物砂浆均匀涂抹在底层上,随即用平面或带有拉毛、刻有花纹的橡胶或泡沫塑料辊子滚出所需的图案和花纹。其分层做法为:①10～13mm厚水泥砂浆打底,木抹搓平;②粘贴分格条(施工前在分格处先刮一层聚合物水泥浆,滚涂前将涂有107胶水溶液的电工胶布贴上,等饰面砂浆收水后揭下胶布);③3mm厚色浆罩面,随抹随用辊子滚出各种花纹;④待面层干燥后,喷涂有机硅水溶液。

滚涂饰面砂浆配合比可参见表2.4。

表2.4 滚涂饰面砂浆参考配合比(质量比)

种 类	白水泥	水泥	砂子	108胶	水	颜料
灰 色	100	10	110	22	33	
绿 色	100	—	100	20	33	氧化铬绿
绿 色	—	100	100	20	33	氧化铬绿

(9)弹涂饰面

彩色弹涂饰面是用电动弹力器将水泥色浆弹到墙面上,形成1～3mm厚的网状色点。由于色浆一般由2～3种颜色组成,不同色点在墙面上相互交错、衬托,犹如水刷石、干粘石;亦可做成单色光面、细麻面、小拉毛拍平等多种形式。实践证明,这种工艺可在墙面上做底灰,再做弹涂饰面;也可直接弹涂在基层较平整的混凝土板、加气板、石膏板、水泥石棉板等板件上。

其施工流程为:基层找平修正或做砂浆底灰→调配色浆刷底色→弹力器做头道色点→弹

力器做二道色点→弹力器局部找均匀→树脂罩面防护层。

弹涂所用材料配合比可参见表 2.5。

表 2.5 弹涂饰面色浆配合比(质量比)

项 目	水 泥		颜 料	水	108 胶
刷底色浆	普通硅酸盐水泥	100	适量	90	20
刷底色浆	白水泥	100	适量	80	10
弹花点	普通硅酸盐水泥	100	适量	55	14
弹花点	白水泥	100	适量	45	10

2.2 一般抹灰工程施工

2.2.1 施工结构图示及施工说明

一般抹灰因其工艺技术已相当成熟,许多做法已编入了国家或地方标准图中,故工程的设计图纸中一般不再给出抹灰施工的层次结构图。通常以如下形式说明:

(1)在建筑施工图的设计说明中写出装修做法及要求。

(2)在营造做法表中写明抹灰的做法名称。

营造做法表也叫做装修表,表中列有房间名称及装修部位名称,并说明相应的装修做法及要求,如表 2.6 所示。

表 2.6 装修表

房间名称	顶 棚	内墙面	楼(地)面	踢脚(墙裙)	
客 厅	98ZJ001 4/30 白色	98ZJ001 4/30 白色	98ZJ001 1/14	98ZJ501 1/3	120 高
卧 室	98ZJ001 4/30 白色	98ZJ001 4/30 白色	98ZJ001 1/14	98ZJ501 1/3	120 高
工作间	98ZJ001 4/30 白色	98ZJ001 4/30 白色	98ZJ001 1/14	98ZJ501 1/3	120 高
卫生间	98ZJ001 4/30 白色	98ZJ501 3/5	98ZJ501 3/5	98ZJ501 3/5	满 铺
厨 房	98ZJ001 4/30 白色	98ZJ501 3/5	98ZJ501 3/5	98ZJ501 3/5	满 铺
阳 台	98ZJ001 4/30 白色	98ZJ001 4/30 白色	98ZJ001 1/14		
楼梯间	98ZJ001 4/30 白色	98ZJ001 4/30 白色	98ZJ001 1/14	98ZJ501 1/3	120 高
地下杂物间	98ZJ001 4/30 白色	98ZJ001 4/30 白色	见主墙剖面详图	98ZJ501 1/3	120 高

2.2.2　施工作业条件

1. 内墙抹灰作业条件

（1）结构工程已经验收合格。

（2）屋面防水层及楼面面层施工完毕后，方可进行墙面及顶棚抹灰。

（3）穿过顶棚的各种管道已经安装就绪，顶棚与墙体间及管道安装后遗留空隙已经清理并填堵严实。

（4）原基层表面凸起与凹陷已经过剔平、补平，孔洞、缝隙用 1:3 水泥砂浆填嵌密实。

（5）墙体表面的灰尘、污垢、油渍、碱膜、跌落砂浆和混凝土等已清除干净，砖墙已浇水润湿，光滑的混凝土基体表面处理方法有：

① 进行凿毛处理，即用扁铲或錾子在混凝土表面凿密密麻麻的坑，以达到增粗挂灰的目的；

② 采用甩浆法，即把素水泥浆撒到混凝土面上，凝固后成为一个个的水泥疙瘩可用来挂灰；

③ 刷界面处理剂，以此增加基层与抹灰层的粘结力；

④ 如设计无要求时，可不抹灰，采用刮腻子方法处理。

（6）轻质混凝土基层可先钉钢丝网，然后在网格上抹灰。

（7）当抹灰层厚度大于 35mm 时，应采取与基体粘结的加强措施。不同材质基体交接处表面的处理，如木结构与砖石砌体、混凝土结构等相接处，应采取防止开裂的加强措施。当采用加强网时，加强网与各基体间的搭接宽度每侧不应小于 100mm。

（8）门、窗框与墙体交接处缝隙应用水泥砂浆或混合砂浆分层嵌堵稳固。

2. 外墙抹灰作业条件

（1）主体结构施工完毕，外墙所有预埋件、嵌入墙体内的各种管道套管已安装完毕，并做好预埋件和锚固件的隐蔽记录，防止抹灰时埋没。

（2）各预埋件均应做好表面防腐、填嵌处理。

（3）阳台栏杆已装好。

（4）大板结构外墙面接缝防水已处理完毕。

（5）施工用脚手架已搭设完毕。

（6）对墙面上的脚手眼、孔洞等要用砌块补砌，对电线管等处剔凿的槽口用水泥砂浆填嵌平实后，方可进行外墙抹灰。

（7）门、窗框与墙体交接处缝隙应用水泥砂浆分层嵌堵稳固。

（8）混凝土表面的油污用 10% 的火碱水除去并将碱液冲洗干净后晾干，采用机械喷涂或用笤帚甩上一层 1:1 的稀粥状水泥细砂浆（内掺 20% 的 108 胶水拌制），使其凝固在光滑的基层表面，以用手掰不动为宜。

2.2.3　施工材料、要求及其砂浆的拌制

1. 施工材料及要求

（1）胶凝材料

① 水泥：不低于 32.5 级的硅酸盐水泥、普通硅酸盐水泥、火山灰质硅酸盐水泥、矿渣硅酸盐水泥、粉煤灰硅酸盐水泥，同一工种应采用同一品牌、同批次的水泥。水泥的出厂日期不超

过三个月,否则要重新测试性能。

② 石灰膏:细腻洁白、不含未熟化颗粒。不能使用已冻结风化的石灰膏;磨细生石灰粉,用 4900 孔/cm² 筛过筛,使用前充分熟化(熟化时间大于 3d)。

③ 石膏:磨细,无杂质,初凝时间不小于 3~5min,终凝时间不大于 30min;若是制作模型,初凝时间不小于 4min,终凝时间不大于 20min。

(2) 填充料及骨料

① 粉煤灰:根据要求,过筛以控制粒径使用,应具有一定的水硬性。

② 砂:洁净坚硬的粒径为 0.35~0.5mm 的中砂或中粗砂,含泥量不超过 3%;使用前须过筛。

③ 炉渣:粒径 1.2~2mm 的过筛炉渣,使用前浇水湿透。

(3) 纤维材料

① 麻刀:均匀,坚韧,干燥,不含杂质,长度为 1~3cm,过剪,随用随打松,使用前 4~5d 用石灰膏调好。

② 纸筋:撕碎,用清水浸泡,捣烂,搓绒,漂去黄水,使其洁净细腻。按 100:2.75(石灰膏:纸筋)质量比掺入淋灰池。罩面纸筋宜用机碾磨细。制作纸筋的稻草、麦秸应坚韧、干燥,不含杂质,长度不大于 30mm,并经石灰浆浸泡处理。

③ 玻璃纤维:长度不大于 10mm,不含杂质,与石灰膏拌匀使用,石灰膏:玻璃纤维(质量比)=100:(0.1~0.2)。

(4) 胶料

目前常用的胶料有 108 胶、聚醋酸乙烯乳液等。

108 胶又称"聚乙烯醇缩甲醛胶",是以聚乙烯醇与甲醛在酸性介质中进行缩合反应而制得的一种高分子粘结溶液,属半透明或透明水溶液。无臭、无味、无毒,有良好的粘结性能,粘结强度可达 0.9MPa。

聚醋酸乙烯乳液是一种高分子乳化聚合物,对木材等材料有较好的粘结性能。可以利用乳液增加水泥的强度和弹性,大白浆中加入乳液用于室内墙壁及天花板的粉刷,涂膜干燥快、成膜光滑、平整,粘结强度大,耐酸碱,不易掉粉、起皮脱落。

2. 砂浆的拌制

一般抹灰工程用砂浆可选用预拌砂浆和现场拌制砂浆,并宜选用预拌砂浆。现场拌制抹灰砂浆时,应采用机械搅拌。

面层水泥砂浆的配合比应不低于 1:(2.0~2.5),其稠度(以标准圆锥体沉入度计)不大于 3.5cm。水泥砂浆必须用搅拌机拌和均匀,颜色一致。应注意掌握水泥砂浆的配合比,水泥量偏少时,面层强度低,表面粗糙,耐磨性差,容易起砂;水泥偏多则收缩量大,容易产生裂缝。应尽量减少水泥砂浆的拌和用水量,较干硬的砂浆操作费力但能保证工程质量;反之,用水量大会降低面层强度,增加干收缩量而导致开裂。

2.2.4 施工工具及其使用

1. 施工机械

常用的施工机械有砂浆搅拌机和纸筋灰搅拌机。砂浆搅拌机如图 2.7 所示。

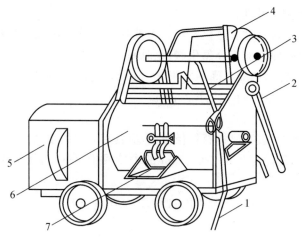

图 2.7　砂浆搅拌机

1—水管;2—上料操纵手柄;3—出料操纵手柄;4—上料斗;5—变速箱;6—搅拌斗;7—出灰门

（1）砂浆搅拌机的使用方法和要求

① 砂浆搅拌机在使用前应仔细检查搅拌叶片是否有松动现象,发现松动时应及时紧固搅拌叶片螺栓,否则易打坏拌筒,甚至卡弯转轴,发生事故。

② 在使用前还应检查各润滑处的润滑情况,要确保机械有充分的润滑。

③ 在使用前应检查电器线路连接,开关接触情况是否良好。

④ 检查接地装置或电动机的接零是否良好,三角皮带的松紧度是否合适,进出料装置的操纵是否灵活和安全,发现问题应及时处理。

⑤ 使用时要注意加料量不能超过规定的容量,严禁粗粒石块或铁棒等其他物件落入拌筒内。不准用木棍或其他工具去拨、翻拌筒中的材料。

⑥ 在使用时应注意电动机和轴承的温度,轴承的温度一般不能高于 60℃,电动机温度不得超过铭牌规定值。

⑦ 使用时要在正常转速下加料。如果中途停机,在重新启动前要把拌筒中的材料倒出来,以免增加启动负荷。

⑧ 工作结束后要进行全面的清洗工作和日常的保养工作。

（2）砂浆搅拌机安全操作规程

① 操作人员必须了解本机性能和构造,熟悉操作方法,并经考试合格后,方可单独操作。

② 停放机械的地方,土质要坚实平整,在出料一侧应夯实,以防出料时因单面承受压力而使机械倾倒。

③ 传动皮带轮和齿轮必须设有防护罩。

④ 在机械工作前应检查搅拌叶片有无松动或磨碰拌筒,出料机构是否灵活,电器设备的绝缘和接地装置是否良好,机械转动是否正常。

⑤ 必须待搅拌叶片达到正常转数后方可加料,加料时防止绳索等物卷入拌筒内。

⑥ 搅拌叶片转动时,不准用手或木棒拨刮拌筒口的砂浆,出料时必须使用卸料手柄,不准用手扳转拌筒,加料时不可超过规定容量。

⑦ 工作中如遇到停电时,应拉开电门开关,并将砂浆倒出。

⑧ 工作中应经常注意电动机的温度、齿轮及搅拌叶片的运转情况,发现不正常时,应立即停机检修,不准开机修理。

⑨ 工作结束后,将电门开关拉开,锁好电门开关箱。

2.施工工具

(1)抹子

抹灰时要使用表 2-7 所示的各种抹子。

表 2-7 抹灰用的各种抹子

图片	名称及用途	图片	名称及用途
	方头铁抹子: 用于抹灰		圆头铁抹子: 用于压光罩面灰
	木抹子: 用于搓平底灰和搓毛砂浆表面		塑料抹子: 用于面层纸筋灰抹灰面、压光操作
	阴角抹子: 用于压光阴角		阳角抹子: 用于压光阳角

(2)辅助工具

抹灰用的各种辅助工具如表 2.8 所示。

表 2.8 抹灰用的辅助工具

图片	名称及用途	图片	名称及用途
	托灰板: 用于操作时承托砂浆		刮杠: 有铝合金制及木制两种,用于冲筋和整平抹灰层,大杠长 2.5m,中杠长 1.5m
	八字靠尺: 用于做棱角的标尺,其长度按需要截取		靠尺板: 一般用于抹灰线,长 300～350cm,断面为矩形,要求双面刨光。靠尺板分厚、薄两种,薄板多用于做棱角
	刷子: 用于室内外抹灰洒水,有长毛刷、猪鬃刷、鸡腿刷、排笔等		

其他常见施工工具还有手锹、筛子(孔径 5mm、2mm 两种)、窄手推车、大桶、灰槽、灰勺、钢卷尺、方尺、钢丝刷、笤帚、喷壶、胶皮水管、小水桶、小白线、钻子(尖、扁头)、锤子、钳子、钉子、分格条、工具袋等。

2.2.5　施工工艺流程及其操作要点

1. 石灰砂浆抹灰

石灰砂浆抹灰是传统的一般抹灰,主要用于内墙墙面抹灰。

1) 操作工艺流程

$\boxed{基层处理}$ → $\boxed{墙面浇水}$ → $\boxed{吊垂线做标志(灰饼)}$ → $\boxed{做标筋}$ → $\boxed{做护角}$ → $\boxed{抹砂子灰}$ → $\boxed{抹罩面灰}$

2) 一般抹灰操作要点

(1) 基层处理

清除墙面的灰尘、污垢、碱膜、砂浆块等附着物。对过于光滑的混凝土墙面进行凿毛处理,并应达到终凝。

(2) 墙面浇水

抹灰前一天进行,操作时用胶皮水管自上而下浇水润湿,必须浇透,使第二天抹灰前墙面达到内部潮湿、表面风干状态。

(3) 吊垂线做灰饼

首先用托线板全面检查墙体表面的垂直度和平整程度,根据检查的实际情况并兼顾抹灰最薄处及总的平均厚度规定,确定墙面抹灰厚度。

抹灰厚度确定后,在距离墙两边阴角 10～20cm 且高度为 2m 左右处,用抹灰砂浆各做一个标准标志块(灰饼),厚度为抹灰层厚度(一般不大于 10～15mm),长×宽为 5cm×5cm。然后以这两个标准标志块为准,再用吊垂直线方法确定墙下部对应的两个标志块厚度,其位置在踢脚板上口 30～50cm 处,使上、下两个标志块在一条垂直线上。

一块面墙上的四个标准标志块做好后,再在标志块附近墙面钉上钉子,拴上小线拉水平通线(注意小线要离开标志块 1mm),然后按间距 1.2～1.5m 加做若干标志块,如图 2.8 所示。凡窗口、垛角等处必须做标志块。

(4) 做标筋

做标筋也叫充筋,就是在左右两个标志块之间先抹出一条梯形灰埂,其宽度为 5cm 左右,厚度与标志块齐平,作为墙面抹底子灰填平的标准。

充筋做法是在两个标志块中间先抹一层,再抹第二遍凸出成"八"字形,要比灰饼凸出 5mm 左右,然后用木杠紧贴灰饼左上右下来回搓,直至把标筋搓得与标志块一样平为止。搓平后将标筋的两边用刮尺修成斜面,使其与抹灰层接槎顺平。标筋用的砂浆应与抹灰底层砂浆相同,如图 2.8 所示。

操作时应先检查木杠是否受潮变形;如果有变形,应及时修理,以防止标筋不平。

(5) 抹砂子灰

抹砂子灰即进行底层与中层抹灰,也叫装档或刮糙。

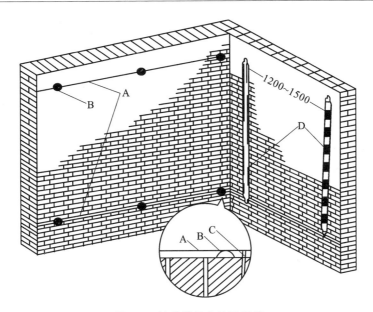

图 2.8　挂线做标志块及标筋

A—引线；B—灰饼(标志块)；C—钉子；D—冲筋

底层与中层抹灰应在标志块、标筋及门窗口做好护角后进行。

抹砂子灰操作是将砂浆抹于墙面两标筋之间，底层抹灰要低于标筋，待收水后再进行中层抹灰，其厚度以填平标筋为准，并使其略高于标筋。中层砂浆抹好后，即用木杠(大杠)按标筋刮平。

使用木杠时，人站成骑马式，双手紧握木杠，均匀用力，由下往上移动，并使木杠前进方向的一边略微翘起，手腕要活。局部凹陷处应补抹砂浆，然后再刮，直至平直为止，如图 2.9 所示；紧接着用木抹子搓抹一遍，使表面平整密实。

墙的阴角先用方尺上下核对方正，然后用阴角器上下抽动扯平，使室内四角方正、顺直，见图 2.10。

抹底子灰的时间应掌握好，不要过早，也不要过迟。一般情况下，标筋抹完后就可以装档刮平。但要注意，如果筋软，则容易将标盘刮坏产生凸凹现象；也不宜在标筋达到强度时再装档刮平，因为待墙面砂浆收缩后会出现标筋高于墙面的现象，由此产生抹灰面不平等质量通病。

图 2.9　刮杠示意

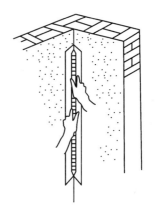

图 2.10　阴角的扯平找直

当层高小于 3.2m 时,一般先抹下一步架,然后搭架子再抹上一步架。抹上一步架可不做标筋,而是在用木杠刮平时,紧贴下面已经抹好的砂浆上作为刮平的依据;当层高大于 3.2m 时,一般是从上往下抹,这时施工缝应留在标筋处。

如果后做地面、墙裙和中踢脚板时,要将墙裙、踢脚板准线上口 5cm 处的砂浆切成直槎。墙面要清理干净,并及时清除落地灰和墙面砂浆。

(6) 抹罩面层

① 面层抹纸筋灰:待中层灰达到七成干后(即用手按不软但有指印时),即可抹纸筋灰罩面层(如间隔时间长,中层灰过干时应浇水润湿)。纸筋灰罩面层厚度不得大于 2mm。

抹纸筋灰时待灰浆稍微"收干"时(即抹子抹压灰浆时灰浆层不再变成糊状),要及时压实、压光,并可视灰浆干湿程度用抹子蘸水抹压、溜光,使面层更为细腻光滑。

窗洞口阳角、墙面阴角等部位要分别用阴、阳角抹子将抹顺直、溜光。纸筋灰罩面层要粘结牢固,不得有抹痕、气泡、纸粒和接缝不平等现象,与墙边或梁边相交的阴角应成一条直线。

② 面层抹石灰砂浆:等中层有七成干后,用 1:3 的石灰砂浆抹罩面层,厚度为 4~5mm,分两遍压实、压光。操作时先用抹子抹上砂浆,然后用刮尺刮平,待灰浆"收干"后再淋稀石灰水,并用抹子抹出浆后,趁机赶平、压光至表面平整光滑。

2. 水泥砂浆抹灰

水泥砂浆抹灰常用于外檐(墙)抹灰和内墙抹灰中的墙裙、窗台、踢脚板等部位。

1) 抹水泥砂浆操作工艺流程

| 基层处理 | → | 浇水润湿墙面 | → | 吊垂直、套方、做灰饼、做标筋 | → | 弹灰层控制线 | → |

| 抹面层砂浆 | → | 弹线分格 | → | 粘分格条 | → | 抹罩面灰 | → | 起条、勾缝 | → | 养护 |

2) 抹水泥砂浆操作要点

(1) 基层为混凝土外墙板时

① 基层处理:即清除外墙面上的灰尘、污物,进行"毛化"处理,其方法按一般抹灰作业条件中对应项选择操作。

② 吊垂直、套方找规矩:分别在门窗口角、垛、墙面等处吊垂直,套方抹灰饼,并按灰饼充筋后在墙面上弹出抹灰层控制线。

外墙面抹灰与内墙抹灰一样,要挂线做标志块、标筋。但因外墙面由檐口到地面抹灰看面大,门窗阳台、明柱、腰线等看面都要横平竖直,而抹灰操作则必须一步架一步架地往下抹。因此,外墙抹灰找规矩要在四角先挂好自上至下的垂直通线(多层及高层楼房应用钢丝线垂下),然后根据大致确定的抹灰厚度,每步架大角两侧弹上控制线,再拉水平通线,并弹水平线做标志块,然后做标筋。

外墙抹灰应在冲筋 2h 后再抹底灰,并应先抹一层薄灰,且应压实并覆盖整个基层,待前一层六七成干时,再分层抹灰、找平。每层每次抹灰厚度宜为 5~7mm,如找平有困难则需增加厚度,应分层分次逐步加厚。抹灰总厚度大于或等于 35mm 时,应采取加强措施,并应经现场技术负责人认定。

③ 抹底层砂浆:刷掺水重 10% 的 108 胶水泥浆一道(水灰比为 0.4~0.5),接着抹 1:3 的水泥砂浆,每遍厚度为 5~7mm,应分层与所充筋抹平,并用大杠刮平、找直,木抹子搓毛。

④ 弹线、分格、粘分格条：为增加墙面的美观，避免罩面砂浆收缩后产生裂缝，一般均需粘分格条，设分格线。粘贴分格条要在底层灰抹完之后进行（底层灰要求用刮尺赶平）。按已弹好的水平线和分格尺寸用墨斗或粉线包弹出分格线，竖向分格线用线锤或经纬仪校正垂直，横向分格线要以水平线为依据校正其水平。分格条在使用前要用水泡透，这样既便于粘贴又能防止分格条在使用时变形；另外，分格条因本身水分蒸发而收缩有利于最终的起出，又能使分格条两侧的灰口整齐。根据分格线的长度将分格条尺寸分好，然后用铁皮抹子将素水泥浆抹在分格条的背面，即可粘贴分格条。水平分格线宜粘贴在水平线的下口，垂直分格线宜粘贴在垂线的左侧，这样便于观察，操作方便。粘贴完一条竖向或横向的分格条后，应用直尺校正其平整，并将分格条两侧用水泥浆抹成"八"字形斜角（若是水平线应先抹下口）。当天抹面的分格条，两侧"八"字形斜角可抹成45°，如图2.11(a)所示；当天不抹面的"隔夜条"，两侧"八"字形斜角应抹得陡一些，可成60°角，如图2.11(b)所示。

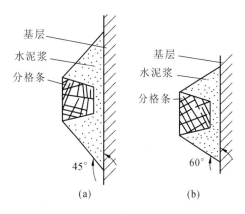

图 2.11 分格条两侧斜角示意

(a)当日起条者做45°角；(b)"隔夜条"做60°角

面层抹灰应与分格条平齐，然后按分格条厚度刮平、搓实，并将分格条表面的余灰清除干净，以免起条时因表面余灰与墙面砂浆粘结而损坏墙面。

⑤ 抹面层砂浆：底层砂浆抹好后，第二天即可抹面层砂浆。首先将墙面润湿，按图线尺寸弹线分格，粘分格条、滴水槽，抹面层砂浆。面层砂浆配合比为1:2.5的水泥砂浆或1:0.5:3.5的水泥混合砂浆，厚度为5~8mm。其做法是先用水润湿，抹时先薄薄地刮一层素水泥膏，使其与底灰粘牢，接着抹罩面灰与分格条抹平，并用大杠横竖刮平，木抹子搓毛，铁抹子溜光、压实。待其表面无明水时，用软毛刷蘸水垂直于地面的同一方向轻刷一遍，以保证面层灰的颜色一致，避免和减少收缩裂缝。随后，将分格条起出，待灰层干后用素水泥膏将缝子勾好。对于难起的分格条，则不应硬起，防止棱角损坏，应待灰层干透后补起，并补勾缝。

抹灰的施工程序：从上往下打底，底层砂浆抹完后，将架子升上去，再从上往下抹面层砂浆。应注意：在抹面层灰前应先检查底层砂浆有无空、裂现象，如有则应剔凿返修后再抹面层灰；另外，应注意底层砂浆上的尘土、污垢等应先清洁，浇水润湿后方可进行面层抹灰。

⑥ 做滴水线(槽)：在檐口、窗台、窗楣、雨篷、阳台、压顶和凸出墙面等部位，上面应做出流水坡度，下面应做滴水线(槽)。流水坡度及滴水线(槽)距外表面不应小于40mm；滴水线(又称鹰嘴)应保证其坡向正确。

具体做法：一般用1:2.5的水泥砂浆两遍成活。抹灰时，各棱角要做成钝角或小圆角，抹灰层应伸入窗框下坎的灰口。在外窗台板、雨篷、阳台、压顶、突出腰线等上面必须做出流水坡度，下面应做滴水线或滴水槽，如图2.12所示。

⑦ 起条、勾缝：当天粘的分格条在面层交活后即可起出。起分格条一般从分格线的端头开始，用抹子轻轻敲动，分格条即自动弹出。如起条较困难时，可在分格条端头钉一小钉，轻轻地将其向外拉出。"隔夜条"不宜当时起条，应在罩面层达到强度之后再起。分格条起出后，应将其清理干净，收存待用。分格线处用水泥浆勾缝。

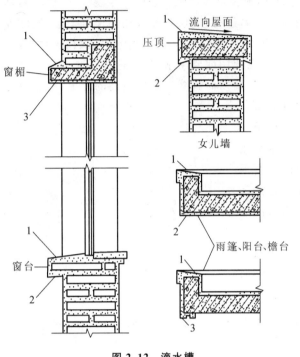

图 2.12　滴水槽

1—流水坡度；2—滴水线；3—滴水槽

分格线不得有错缝和掉棱、掉角，其缝宽和深度应均匀一致。

外墙面采取喷涂、滚涂、喷砂等饰面面层时，由于饰面层较薄，墙面分格条可用粘布条法或划缝法制作。

粘布条的具体做法：根据设计尺寸和水平线弹出分格线后，用聚乙烯醇缩甲醛胶（也可用素水泥浆）粘贴胶布条（也可用绝缘塑料胶条、砂布条等），然后做饰面层。等饰面层初凝时，把胶布慢慢扯掉，即露出分格缝。随后修理好分格缝两边的飞边。

采用划缝法分格：具体做法是等做完面层抹灰后待砂浆初凝时弹出分格线，沿着分格线按贴靠尺板，用划缝工具（图 2.13）沿靠尺板边进行划缝，深度为 4～5mm（或露出垫层）。

⑧ 养护：面层成活 24h 后，要浇水养护 3d。

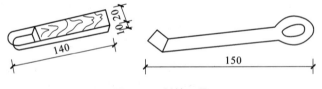

图 2.13　划缝工具

（2）基层为加气混凝土板时

① 基层处理：用笤帚将板面上的粉尘扫净，浇水将板湿透，使水浸入加气板至 10mm 为宜。对缺棱掉角的板或板的接缝处高差较大的，可用 1:1:6 的水泥混合砂浆掺 20% 的 107 胶水拌和均匀，分层衬平，每遍厚度 5～7mm。待灰层凝固后，用水润湿并用上述同配合比的细砂浆（砂子应用纱绷筛去筛），用机械喷或用笤帚甩在加气混凝土表面，第二天浇水养护，直至砂浆疙瘩凝固，用手搿不动为止。

② 吊垂直、套方找规矩：做法同前。

③ 抹底层砂浆：先刷掺水重 10% 的 107 胶水泥浆一道（水灰比 0.4～0.5），随刷随抹水泥混合砂浆（配合比为 1:1:6），分遍抹平，大杠刮平，木抹子搓毛，终凝后开始养护。若砂浆中掺入粉煤灰，则上述配合比可以改为 1:0.5:0.5:6（水泥:石灰:粉煤灰:砂）。

④ 弹线、分格、粘分格条、抹面层砂浆：首先应按图纸上的要求弹线分格，粘分格条。注意：粘竖条时应粘在所弹立线的同一侧，防止左右乱粘。分格条粘好后，当底灰五六成干时，即可抹面层砂浆。先刷掺水重 10% 的 107 胶水泥素浆一道，接着抹面。面层砂浆的配合比为 1:1:5 的水泥混合砂浆或 1:0.5:0.5:5 的水泥、粉煤灰混合砂浆，一般厚度为 5mm 左右，分两次

与分格条抹平,再用大杠横竖刮平,木抹子搓毛,铁抹子压实、压光,待表面无明水后,用刷子蘸水按垂直于地面方向轻刷一遍,使其面层颜色一致,做完面层后应喷水养护。

⑤ 做滴水线(槽):做法及养护要求同前。

（3）基层为砖墙

① 基层处理:将墙面上残存的砂浆、污垢、灰尘等清理干净,用水浇墙,将砖缝中的尘土冲掉,将墙面润湿。

② 吊垂直、套方找规矩,抹灰饼:做法同前。

③ 充筋,抹底层砂浆:常温时,可采用水泥混合砂浆,配合比为1:0.5:4。冬期施工时,底灰为配合比1:3的水泥砂浆,应分层与所冲筋抹平,大杠横竖刮平,木抹子搓毛,终凝后浇水养护。

④ 按图纸上的尺寸分块弹线,粘分格条后抹面层砂浆,操作方法同前。面层砂浆的配合比,常温时可采用1:0.5:3.5的水泥混合砂浆,冬期施工时应采用1:2.5的水泥砂浆。

⑤ 滴水线(槽)施工方法及灰层养护方法同前。

抹灰层的组成和作用如表2.9所示,抹灰层平均总厚度和控制厚度可参照表2.10和表2.11。

表 2.9　抹灰层的组成和作用

灰层	作　用	基层材料	一　般　做　法
底层灰	主要起与基层粘结作用,兼初步找平作用	砖墙基层	1. 内墙一般采用灰石砂浆、石灰滑秸泥、石灰炉渣浆打底; 2. 外墙、勒脚、屋檐以及室内有防水防潮要求时,可采用水泥砂浆打底
		混凝土和加气混凝土基层	1. 宜先刷掺水重20%的107胶水泥浆一道,采用水泥砂浆或混合砂浆打底; 2. 高级装饰工程的预制混凝土板顶棚,宜用聚合物水泥砂浆打底
		木板条、苇箔、钢丝网基层	1. 宜用混合砂浆或麻刀灰、玻璃丝灰打底; 2. 须将灰浆挤入基层缝隙内,以加强拉结
中层灰	主要起找平作用		1. 所用材料基本与底层相同; 2. 根据施工质量要求,可以一次抹成,亦可分遍进行
面层灰	主要起装饰作用		1. 要求大面平整,无裂痕,颜色均匀; 2. 室内一般采用麻刀灰、纸筋灰、玻璃丝灰,高级墙面也有用石膏灰浆和水砂面层等;室外常用水泥砂浆、水刷石、斩假石等

表 2.10　抹灰层平均总厚度

种　类	基　　层	抹灰层总厚度不得大于(mm)
内墙抹灰	普通抹灰	18
	中级抹灰	20
	高级抹灰	25
外墙抹灰	砖墙面	20
	勒脚及凸出墙面部分	25
	石材墙面	35

续表 2.10

种 类	基 层	抹灰层总厚度不得大于(mm)
顶棚抹灰	板条、空心砖、现浇混凝土	15
	预制混凝土	18
	金属网	20

表 2.11 每层灰控制厚度

抹灰材料	每层厚度(mm)
水泥砂浆	5~7
石灰砂浆、混合砂浆	7~9
麻刀灰	<3
纸筋灰、石膏灰	<2

3. 一般抹灰冬、雨期施工注意事项

一般只在初冬期间施工,严冬阶段不宜施工。

① 冬期拌灰砂浆应采用热水拌和,运输时采取保温措施,涂抹时砂浆温度不宜低于5℃。

② 砂浆抹灰层硬化初期不得受冻。

③ 大气温度低于5℃时,室外抹灰砂浆中可掺入能降低冻结温度的食盐及氯化钙。

④ 用冻结法砌筑的墙,室外抹灰应待其完全解冻后再抹,不得用热水冲刷冻结的墙面或用热水消除墙面的冰霜。

⑤ 冬期施工为防止灰层早期受冻,砂浆内不可掺入石灰膏;为保证灰浆的和易性,可掺入同体积的粉煤灰代替,如1:1:6的水泥混合砂浆可改为水泥粉煤灰砂浆,配合比仍为1:1:6。

⑥ 雨期抹灰工程应采取防雨措施,防止抹灰层终凝前受雨淋而损坏。

2.3 一般抹灰质量标准

2.3.1 主控项目

(1) 抹灰前应清除基层表面的尘土、污垢、油渍等,并洒水润湿。

检验方法:检查施工记录。

(2) 抹灰所用材料的品种和性能应符合设计要求,水泥的凝结时间和安定性复验合格,砂浆的配合比应符合设计要求。

检验方法:检查产品合格证书、进场验收记录、复验报告和施工记录。

(3) 抹灰工程应分层进行。当抹灰总厚度大于或等于35mm时,应采取加强措施。不同材料基体交接处表面的抹灰应采取防止开裂的加强措施,当采用加强网时,加强网与各基体的搭接宽度不应小于100mm。

检验方法:检查隐蔽工程验收记录和施工记录。

(4) 抹灰层与基层之间及各抹灰层之间必须粘结牢固,抹灰层应无脱层、空鼓,面层应无爆灰和裂缝。

检验方法:观察;用小锤轻击检查;检查施工记录。

2.3.2 一般项目

(1) 一般抹灰工程的表面质量应符合下列规定:

① 普通抹灰表面应光滑、洁净,接槎平整,分格缝应清晰。

② 高级抹灰表面应光滑、洁净、颜色均匀,无抹纹,分格缝和灰线应清晰美观。

检验方法:观察;手摸检查。

(2) 护角、孔洞、槽、盒周围的抹灰表面应整齐、光滑;管道后面的抹灰表面应平整。

检验方法:观察。

(3) 抹灰层的总厚度应符合设计要求;水泥砂浆不得抹在石灰砂浆上;罩面石膏灰不得抹在水泥砂浆层上。

检验方法:检查施工记录。

(4) 抹灰分格缝的设置应符合设计要求,宽度和深度应均匀,表面应光滑,棱角应整齐。

检验方法:观察;尺量检查。

(5) 有排水要求的部位应做滴水线(槽)。滴水线(槽)应整齐顺直,滴水线应内高外低,滴水槽的宽度和深度均不应小于 10mm。

(6) 一般抹灰的允许偏差和检验方法见表 2.12。

表 2.12 一般抹灰的允许偏差和检验方法

项 次	项 目	允许偏差(mm)		检验方法
		普通抹灰	高级抹灰	
1	立面垂直度	4	3	用 2m 垂直检测尺检查
2	表面平整度	4	3	用 2m 靠尺和塞尺检查
3	阴、阳角方正	4	3	用直角检测尺检查
4	分格条(缝)直线度	4	3	拉 5m 线,不足 5m 拉通线,用钢直尺检查
5	墙裙、勒脚上口直线度	4	3	拉 5m 线,不足 5m 拉通线,用钢直尺检查

2.4 一般抹灰质量检验方法

本内容适用于石灰砂浆、水泥砂浆、水泥混合砂浆、聚合物水泥砂浆和麻刀石灰、纸筋石灰、石膏灰等一般抹灰工程的质量验收。一般抹灰工程分为普通抹灰和高级抹灰,当设计无要求时,按普通抹灰验收。

2.4.1 检查数量规定

(1) 室内每个检验批应至少抽查 10%,并不得少于 3 间;不足 3 间时应全数检查。

(2) 室外每个检验批每 100m² 应至少抽查一处,每处不得小于 10m²。

建筑装饰装修工程一般抹灰分项工程检验批质量验收记录表见表 2.13。

表 2.13　一般抹灰分项工程检验批质量验收记录

工程名称			检验批部位		项目经理						
工程施工单位名称			分包项目经理		专业工长						
分包单位			施工执行标准名称及编号		施工班组长						
序号			《建筑装饰装修工程质量验收规范》(GB 50210—2001)的规定		施工单位检查评定记录				监理(建设)单位验收记录		
主控项目	1		抹灰前基层表面的灰尘、污垢、油渍等应清理干净,并应洒水润湿								
	2		一般抹灰所用材料的品种和性能应符合设计要求。水泥的凝结时间和安定性复验应合格。砂浆的配合比应符合设计要求								
	3		抹灰工程应分层进行。当抹灰总厚度大于或等于35mm时,应采取加强措施。不同材料基体交接表面的抹灰,应采取防止开裂的加强措施。当采用加强网时,加强网与各基体的搭接宽度不应小于100mm								
	4		抹灰层与基层之间以及各抹灰层之间必须粘结牢固,抹灰层应无脱层、空鼓,面层应无爆灰和裂缝								
一般项目	1		一般抹灰工程的表面质量应符合下列规定: 1.普通抹灰表面应光滑、洁净,接槎平整,分格缝应清晰; 2.高级抹灰表面应光滑、洁净,颜色均匀,无抹纹,分格缝和灰线应清晰美观								
	2		护角、孔洞、槽、盒周围的抹灰表面应整齐、光滑;管道后面的抹灰表面应平整								
	3		抹灰层的总厚度应符合设计要求;水泥砂浆不得抹在石灰砂浆上;罩面石膏灰不得抹在水泥砂浆层上								
	4		抹灰分格缝的设置应符合设计要求,宽度和深度应均匀,表面应光滑,棱角应整齐								
	5		有排水要求的部位应做滴水线(槽)。滴水线(槽)应整齐顺直,滴水线应内高外低,滴水槽的宽度和深度均不应小于10mm								
	6	项次	项目	允许偏差(mm)							
				普通抹灰	高级抹灰						
		①	立面垂直度	4	3						
		②	表面平整度	4	3						
		③	阴、阳角方正	4	3						
		④	分格条(缝)直线度	4	3						
		⑤	墙裙、勒脚上口直线度	4	3						
施工单位检查评定结果				项目专业质量检查员: 　　　　　　　年　　月　　日							
监理(建设)单位验收结论				监理工程师(建设单位项目专业技术负责人) 　　　　　　　年　　月　　日							

注:1.普通抹灰,允许偏差第③项阴、阳角方正可不检查;
　　2.顶棚抹灰,允许偏差第②项表面平整度可不检查,但应平顺。

2.4.2 主控项目

（1）主控项目第 1 项

检验方法：检查施工记录。

本项要求是对基层处理的规定，在抹灰前应做检查，并在施工记录中记录实际情况，专业质量检查员应抽查实物情况。

（2）主控项目第 2 项

检验方法：检查产品合格证书、进场验收记录、复验报告和施工记录。

材料质量是保证抹灰工程质量的基础，因此抹灰工程所用材料如水泥、砂、石灰膏、石膏、有机聚合物等应符合设计要求及国家现行产品标准的规定，并应有出厂合格证；材料进场时应进行现场验收，不合格的材料不得用在抹灰工程上。对影响抹灰工程质量与安全的主要材料的某些性能，如水泥的凝结时间和安定性，应进行现场抽样复验，复验合格后方可使用。

砂浆的配合比在设计文件中应有明确要求。与砌筑砂浆或混凝土不同，粉刷砂浆有强度要求，因此必须给出所用品种配合比的设计文件。有些工程不按设计配合比施工造成粉刷层粉化、疏松、脱落、墙面渗水等严重质量问题，应引起重视。

（3）主控项目第 3 项

检验方法：检查隐蔽工程验收记录和施工记录。

抹灰工程的质量关键是粘结牢固，无开裂、空鼓与脱落。如果粘结不牢，出现空鼓、开裂、脱落等问题，会降低对墙体的保护作用，且影响装饰效果。经调研分析，抹灰层之所以出现开裂、空鼓和脱落等质量问题，主要原因是：基体表面清理不干净，如基体表面有尘埃、疏松物、脱模剂和油渍等影响抹灰层粘结牢固的物质；基体表面光滑，抹灰前未做毛化处理；抹灰前基体表面浇水不透，抹灰后砂浆中的水分很快被基体吸收，使砂浆中的水泥未充分水化生成水泥石，影响砂浆粘结力；砂浆质量不好，使用不当；一次抹灰过厚，干缩率较大等，都会影响抹灰层与基体的粘结牢固程度。

（4）主控项目第 4 项

检验方法：观察；用小锤轻击检查；检查施工记录。

抹灰工程经常出现的质量问题是裂缝。裂缝的形成可分为四种情况：第一种是大墙面出现裂缝，第二种是不同墙体材料交接处的表面或抹灰层与门窗框、墙裙、踢脚线等部件交接处出现裂缝；第三种是沿构造缝处形成裂缝；第四种是抹灰层本身收缩引起的裂缝。

规范规定抹灰工程的面层应无裂缝，但允许出现裂痕。

2.4.3 一般项目

（1）一般项目第 1 项

检验方法：观察；手摸检查。

（2）一般项目第 2 项

检验方法：观察。

（3）一般项目第 3 项

检验方法：检查施工记录。

（4）一般项目第 4 项

检验方法：观察；尺量检查。

（5）一般项目第 5 项

检验方法：观察；尺量检查。

（6）一般项目第 6 项

允许偏差检验方法：第（1）、（2）项用 2m 垂直检测尺检查；第（3）项用直角检测尺检查，第（4）、（5）项拉 5m 线，不足 5m 拉通线，用钢直尺检查。

2.5 质量通病及防治

内、外墙抹灰质量通病原因及防治措施见表 2.14 和表 2.15。

表 2.14 内墙抹灰质量通病原因及防治措施

项次	通病名称	原因分析	防治措施
1	墙体与门窗框交接处抹灰层空鼓、裂缝、脱落	1.基层处理不当； 2.操作不当：预埋木砖位置不准，数量不足； 3.砂浆品种不当	1.不同基层材料交接处应铺钉钢板网，每边搭接长度应大于 10cm； 2.门洞每侧墙体内预埋木砖不少于三块，木砖尺寸应与标准砖相同，预埋位置正确； 3.门窗框塞缝宜采用混合砂浆并经专人浇水润湿后填砂浆抹平，缝隙过大时应多次分层嵌缝； 4.加气混凝土砌块墙与门框连接时，应先在墙体内钻 10cm 深、直径 4cm 左右的孔，再以相同尺寸的圆木蘸 107 胶水打入孔内，每侧不少于四处，使门框与墙体连接牢固
2	墙面抹灰层空鼓、裂缝	1.基层处理不好：清扫不干净，浇水不透； 2.墙面平整度偏差太大，一次抹灰太厚； 3.砂浆和易性、保水性差，硬化后粘结强度差； 4.各抹灰层配合比相差太大； 5.没有分层抹灰	1.抹灰前对凹凸不平的墙面必须剔凿平整，凹陷处用 1:3 水泥砂浆找平； 2.基层太光滑则应凿毛或用 1:1 水泥砂浆加 10% 的 108 胶先薄薄刷一层； 3.墙面脚手架洞和其他孔洞等抹灰前必须用 1:3 水泥砂浆浇水堵严抹平； 4.基层表面污垢、隔离剂等必须清除干净； 5.砂浆和易性、保水性差时可掺入适量的石灰膏或加气剂、塑化剂； 6.加气混凝土基层面抹灰的砂浆不宜过厚； 7.水泥砂浆、混合砂浆、石灰膏等不能前后覆盖，混杂涂抹； 8.基层抹灰前要用水湿透砖基或浇水两遍以上，加气混凝土基层应提前浇水； 9.抹灰要分层进行； 10.不同基层材料交接处应铺钉钢丝网

续表 2.14

项次	通病名称	原因分析	防治措施
3	墙裙、踢脚线水泥砂浆空鼓、裂缝	1.内墙抹灰常用石灰砂浆,做水泥砂浆墙裙时直接做在石灰砂浆底层上; 2.抹石灰砂浆时抹过了墙面、线面,没有清除或清除不净; 3.为了赶工,当天打底,当天抹找平层; 4.压光面层时间掌握不准; 5.没有分层	1.水泥砂浆抹灰各层必须是相同的砂浆或是水泥用量偏大的混合砂浆; 2.铲除底层石灰砂浆层时,应用钢丝刷边刷边用水冲洗干净; 3.底层砂浆在终凝前不准抢抹第二层砂浆; 4.抹面未收水前不准用抹子搓压,砂浆已硬化时不允许再用抹子用力搓抹,而应采取再薄薄地抹一层来弥补表面不平或抹平印痕 5.抹灰要分层进行
4	墙面抹灰层析白	水泥在水化过程中产生氢氧化钙,在砂浆硬化前经水浸泡渗聚到抹灰面与空气中二氧化碳化合成白色碳酸钙出现在墙面。在气温低或水灰比大的砂浆抹灰时,析白现象更严重	1.在保持砂浆流动性的情况下加减水剂来减少砂浆用水量,减少砂浆中的游离水,以减少氢氧化钙的游离渗至表面; 2.加分散剂,使氢氧化钙分散均匀,不会成片出现析白现象,而是出现均匀的轻微析白; 3.在低温季节水化过程慢,泌水现象普遍时,适当考虑加入促凝剂以加快硬化速度

表 2.15 外墙抹灰质量通病原因及防治措施

项次	通病名称	原因分析	防治措施
1	外墙抹灰层空鼓、裂缝甚至脱落,窗台处抹灰出现裂缝	1.基层处理不好,表面杂质清扫不干净; 2.墙面浇水没浇透,影响底层砂浆与基层的粘结; 3.一次抹灰太厚或各层抹灰间隔太近; 4.夏季施工砂浆失水过快或抹灰后没有适当浇水养护; 5.抹灰没有分层	1.抹灰前,应将基层表面清扫干净,脚手架孔洞填塞堵严,混凝土墙表面凸出较大的地方要事先用刷子刷干净,蜂窝、凹洼、缺棱掉角处应先刷一道 108 胶 1:4 的水泥素浆,再用 1:3 水泥砂浆分层修补,加气混凝土墙面缺棱掉角和板缝处,宜先刷掺水泥重量 20% 的 108 胶的素水泥浆一道,再用 1:1:6 混合砂浆修补抹平。 2.基层墙面应在施工前一天浇水,要浇透浇匀。 3.表面较光滑的混凝土墙面和加气混凝土墙面,抹底子灰前应先涂刷一道 108 胶素水泥浆粘结层,以增加与光滑基层的砂浆粘结能力,又可将浮灰事先粘牢于墙面上,避免空鼓、裂缝。 4.长度较长(如檐口、勒脚等)和高度较高(如柱子、墙垛、窗间墙等)的室外抹灰,为了不显接槎,防止抹灰砂浆收缩开裂,一般都应设计分格缝。 5.夏季抹灰应避免在日光暴晒下进行.罩面成活后第二天应浇水养护,并坚持养护 7d 以上。 6.窗台抹灰开裂,雨水容易从缝隙中渗透,引起抹灰层的空鼓甚至脱落。要避免窗台抹灰后出现裂缝,除了从设计上做到加强整个基础刚度、逐层设置圈梁等措施以及尽量减少上述沉陷差之外,还应尽可能推迟窗台抹灰的时间,使结构沉陷稳定后进行。窗台抹灰后应加强养护,以防止砂浆的收缩而产生抹灰的裂缝

续表 2.15

项次	通病名称	原因分析	防治措施
2	外墙抹灰后向内渗水	1.未抹底层砂浆； 2.各层砂浆厚度不够且没有压实； 3.分格缝未勾缝	1.必须抹 2～4mm 底子灰； 2.中层、面层灰厚度各不少于 8mm； 3.各层抹灰必须压实； 4.分格缝内应润湿后勾缝
3	外墙抹灰接槎明显，色泽不匀，显抹纹	1.墙面没有分格或分格太大，抹灰留槎位置不当； 2.没有统一配料，砂浆原材料不一致； 3.基层或底层浇水不匀，罩面灰压光操作方法不当	1.抹面层时应把接槎位置留在分格条处或阴阳角、水落管等处，并注意接槎部位发生高低不平、色泽不一等现象，阳角抹灰用反贴八字尺的方法操作。 2.室外抹灰稍有些抹纹在阳光下就很明显，影响墙面外观效果，因此室外抹水泥砂浆墙面可做成毛面。用木抹子搓毛面时，要做到轻重一致，先以圆圈形搓抹，然后上下抹压，方向要一致，以免表面出现色泽深浅不一、起毛纹等问题
4	外墙抹灰分格鞋不直不平，缺棱错缝	1.没有拉通线，或没有在底灰上统一弹水平和垂直分格线； 2.木分格条浸水不透，使用时变形； 3.粘贴分格条和起条时操作不当，造成缝口两边错缝或缺棱	1.柱子等短向分格缝，对每个柱子要统一找标高，拉通线弹出水平分格线，柱子侧面要用水平尺引过去，保证平整度；窗心墙竖向分格缝，几个层段应统一吊线分块。 2.分格条使用前要在水中浸透。水平分格条一般应粘在水平线下边，竖向分格条一般应粘在垂直线左侧，以便于检查其准确度，防止发生分格缝不平等现象。分格条两侧抹"八"字形水泥砂浆作固定时，在水平线处应先抹下侧一面。当天抹罩面灰压光后就可起出分格条，两侧可抹成 45°，如当天不起条的应抹成 60°坡，须待底层水泥砂浆达到一定强度后才能起出分格条，面层压光时应将分格条上的水泥砂浆清刷干净，以免起条时损坏墙面

2.6 成品保护和安全生产

2.6.1 成品保护

（1）抹灰前必须事先把门窗框与墙连接处的缝隙用水泥砂浆嵌塞密实（铝合金门窗框应留出一定间隙填塞嵌缝材料，嵌缝材料由设计确定）；门口钉设铁皮或木板保护。

（2）要及时清扫残留在门窗框上的砂浆。铝合金门窗框必须有保护膜，并保持到快要竣工需清擦玻璃时为止。

（3）推小车或搬运东西时，要注意不要损坏抹灰口角和墙面。抹灰用的大杠和铁锹把不要靠在墙上。严禁蹬踩窗台，防止损坏其棱角。

（4）拆除脚手架时要轻拆轻放，拆除后材料堆放整齐，不要撞坏门窗、墙角和口角等。

（5）要保护好墙上的预埋件、窗帘钩、通风箅子等。墙上的电线槽、盒，水暖设备预留洞等不要随意抹死。

（6）抹灰层凝结前，应防止快干、水冲、撞击、振动和挤压，以保证灰层有足够的强度。

（7）要注意保护好楼（地）面面层，不得直接在楼（地）面上拌灰。

2.6.2　安全生产

（1）抹灰操作之前，应按照搭设脚手架的操作规程检查架子和高凳是否牢固。层高在3.60m以下时由抹灰工自行搭设架子，使用脚手凳时其间距应小于2m。不可搭探头板。

（2）在多层脚手架上作业时，尽量避免在同一垂直线上工作；如需立体交叉同时操作时，应有防护措施。

（3）在架子上操作时人数不可过于集中，堆放的材料要散开，存放砂浆的槽子、小桶要放稳。木制杠尺不能一头立在脚手板上一头靠墙，应在脚手板上放平，操作用工具也应放置稳当，以防坠下伤人。

（4）雨后、春暖解冻时，应检查外架子，防止沉陷出现险情。

（5）凳上操作时，单凳只准站一人，双凳搭跳板，两凳间距不超过2m，只准站两人，脚手板上不准放灰桶。

（6）电动机具应定期检验、保养。

（7）电气机具必须设专人负责安全防护装置。电动机必须有安全可靠的接地装置。

复习思考题

2.1　抹灰工程的作用主要有哪些？

2.2　抹灰前对基层进行处理的方法有哪些？

2.3　抹灰层中的底层、中层、面层各起什么作用？

2.4　内墙抹灰作业条件有哪些？

2.5　如何进行吊垂线做灰饼的操作？

2.6　一般抹灰冬、雨期施工注意事项有哪些？

2.7　一般抹灰质量标准中主控项目有哪些？

2.8　一般抹灰质量标准中一般项目有哪些？

2.9　一般抹灰质量标准中允许偏差项目有哪些？

2.10　一般抹灰的成品保护应如何考虑？

项目 3　饰面板(砖)工程

教学目标

1. 了解饰面板(砖)工程的分类、材料、构造与作用；
2. 了解木质饰面板、石材饰面板、金属饰面板及其相关知识；
3. 掌握外墙饰面砖的施工构造、施工工艺流程及施工要点；
4. 熟悉外墙饰面砖工程的质量验收标准；
5. 掌握外墙饰面砖工程常见质量通病及防范措施。

3.1　饰面板(砖)工程的分类及相关知识

3.1.1　木质饰面板工程

作为建筑装饰材料,木材具有许多优良性能,如轻质高强,有较好的弹性和韧性,耐冲击和振动,易于加工,保温性好,纹理美观,装饰效果好等。但木材也有缺点,如内部结构不均匀,对电、热的传导性极小,易随周围环境湿度变化而改变含水率,引起膨胀或收缩;易腐蚀及虫蛀;易燃烧;有天然瑕疵等。然而由于高科技的应用,出现了人造板材,将优质、名贵的木材旋切成薄片,与普通材质复合,变劣为优,弥补了天然木材的不足,满足了消费者对天然木材的需求。

木板饰面是目前一些高档装修的做法。一般是在 9mm 底板上贴 3mm 饰面板,再打上螺钉固定。木板饰面可做成各种造型,且木饰面板具有各种天然的纹理,可给室内带来华丽的效果。

1. 常见木质饰面板

(1)胶合板

胶合板按照制作方法不同可分为普通胶合板和装饰胶合板。

① 普通胶合板

普通胶合板是将原木软化处理后旋切成薄片,再用胶粘剂按奇数层数以各层纤维互相垂直的方向粘合热压而成的人造板材。普通的胶合板层数有 3 层、5 层、7 层、9 层、11 层和 13 层等,在建筑装饰工程中常用的是三层板和五层板。我国目前主要采用水曲柳、椴木、桦木、马尾松木及部分进口原木制成。普通胶合板按国家标准规定可分为特等、一等、二等和三等四个等级,厚度为 2.7mm、3mm、3.5mm、4mm、5mm、5.5mm、6mm,其中厚度小于或等于 4mm 为薄胶合板,厚度大于 4mm 为厚胶合板。

② 装饰胶合板

装饰胶合板是用天然木质装饰单板贴在普通胶合板上的人造板。常用的木材种类有桦木、水曲柳、柞木、山毛榉木、榆木、核桃木等。

由于装饰胶合板表层的装饰单板是用优质木材经刨切或旋切等加工方法制成,所以比普通胶合板具有更好的装饰性。在建筑装饰工程中常用于装饰贴面,经过清漆后显现出天然木材的纹理,自然高贵,同时还比纯实木的板材价格便宜,受众面更广。

(2)纤维板

纤维板是以植物纤维为主要原料,经破碎浸泡、热压成型、干燥等工序制成的人造板材。制作纤维板的原料十分丰富,如木材采伐加工的剩余物、稻草、麦秸、玉米秸秆、芦苇等。

纤维板是一种性能好、易于加工、用途广泛的人造板材,它含水率低、质地坚硬、耐磨,不易变形。由于是经粉碎、分离、成型、干燥和热压等工序制成,因此没有节疤、变色、腐朽、夹皮、虫眼等木材中常见的弊病,被称为"无疾病木材"。

纤维板按照体积密度分为硬质纤维板(幅面尺寸为 610mm×1220mm、915mm×1830mm、1000mm×2000mm、915mm×2135mm、1220mm×1830mm、1220×2440mm,厚度为2.5mm、3mm、3.2mm、4mm、5mm),中密度纤维板(幅面尺寸为 1830mm×1220mm、2135mm×1220mm、2440mm×1220mm,厚度为 10mm、12mm、15mm、18mm、21mm、24mm 等)和软质纤维板。

(3)刨花板

刨花板是利用施加胶料和辅料或未施加胶料和辅料的木材或非木材植物制成的刨花材料(如亚麻屑、甘蔗渣、麦秸等类似材料)。刨花板分为 A 类和 B 类,A 类中又分为优等品、一等品和二等品三个等级。装饰工程中常使用 A 类刨花板。其幅面尺寸为 1830mm×915mm、2000mm×1000mm、2440mm×1220mm、1220mm×1220mm,厚度为 4mm、8mm、10mm、12mm、14mm、16mm、19mm、22mm、25mm、30mm 等。

(4)细木工板

细木工板俗称大心板,是由两片单板中间胶压拼接木板而成。中间木板是由优质的天然木板经热处理(即烘干室烘干)以后,加工成一定规格的木条,由拼板机拼接而成。拼接后的木板两面各覆盖两层优质单板,再经冷、热压机胶压后制成。与刨花板、中密度纤维板相比,其天然木材特性更顺应消费者自然的要求;且具有质轻、易加工、握钉力好、不变形等优点,是室内装修和高档家具制作的理想材料。

细木工板构造:最外层的单板叫表板,内层单板称中板,板心层称木心板,组成木心板的小木条称为心条。规定心条的木纹方向为板材的纵向。木心板的主要作用是为板材提供一定的厚度和强度,中板的主要作用是使板材具有足够的横向强度,同时缓冲因木心板的不平整给板面带来的不良影响,表板除了使板面美观以外,还可以提高板材的纵向强度。

2.木质护墙板的施工工艺

(1)施工工艺

木质护墙板的施工从整体程序上包括墙面木骨架的安装和木质板材罩面铺装。工艺流程为:

基层检查及处理→弹线分格→拼装木龙骨→墙体钻孔、塞木楔→墙面进行防潮处理→钉固木龙骨→铺装罩面板→收口处理。

(2)施工操作要点

① 安装墙面木骨架。在墙面木骨架安装前,应检查洞口及埋件,检查门、窗洞口是否方正

垂直,预埋木砖或连接铁件是否符合要求。接下来弹线,护墙板应根据设计要求事先弹出安装高度的水平线,然后制作及安装木龙骨。局部木护墙板根据高度和房间大小做成龙骨架,整体或分片安装。全高木护墙板根据房间四角和上下龙骨先找平、找直,按面板分块大小由上到下做好木标筋,然后在空当内根据设计要求钉横竖龙骨。当设计无要求时,一般横龙骨间距为300mm,竖龙骨间距为400mm。如面板厚度在10mm以上时,横龙骨间距可放大到40mm。安装木龙骨必须找方、找直,除预留出板面厚度外,骨架与木砖间的空隙应垫以木垫,用钉子钉牢,每块木砖至少钉两个钉子。

② 木质板材罩面。铺装饰面板时,不论是原木板或夹板,均应挑选颜色、花纹近似的用在同一房间内;安装护墙板时,木板的年轮凸面应向内放置,相邻面板的木纹和色泽应近似。裁板时要略大于龙骨架的实际尺寸,大面净光,小面刨直,木纹根部向下,长度方向需要对接时,花纹应通顺,其接头位置应避开视线平视范围,木护墙板拼缝一般离地面1.2m以下。同时,接头位置必须在横龙骨上。木护墙板需要分块留缝时,如设计无要求,一般可做成6~10mm的平槽或八字槽,槽的位置应在竖龙骨架上。配好的面板要刨净光,经试装合适后,在护墙板背面贴一层防潮纸,即可正式安装。接头处要涂胶粘剂钉牢,固定板钉子长度为面板厚度的2~2.5倍,间距一般为200mm,钉帽要打扁,并用较尖的冲子将钉帽顺木纹方向冲入面层1~2mm,钉眼用油性腻子抹平。在罩面板的端部和连接处应做收口细部处理。收口细部处理时,钉的位置应在线条的凹槽处或背视线的一侧,以保证其装饰的美观。木质墙面和墙裙的上、下部分应设置 ϕ12 的通气孔;在木龙骨上也要留出竖向的通气孔,使内部的水汽排除,防止木护墙板受潮变形、腐蚀。

3.1.2 石材饰面板工程

3.1.2.1 石材的种类

装饰石材饰面板可以分为天然石材和人造石材两种。天然石材采用天然岩石经过加工而成,其强度高、装饰效果好、耐久,是人们广泛采用的建筑和装饰材料。人造石材是经过现代的加工手段,仿照天然石材的样貌加工而成的一种新型材料,无论是装饰效果还是技术性能都显示了其优越性。

1. 天然石材

天然石材是一种有着悠久历史的建筑材料,它不仅具有较高的强度、硬度、耐久性、耐磨性等优良的性能,而且经表面处理后可获得优良的装饰性,对建筑起着保护和装饰的双重作用。建筑装饰用的饰面石材是从天然岩体开采,可加工成各种块状或板状的材料。用于建筑装饰工程中的天然饰面石材品种繁多,主要分为大理石和花岗石两大类。

(1)大理石

大理石是大理岩的俗称,它是由石灰石、白云石、方解石、蛇纹石等在地壳内经过高温、高压作用下生成的变质岩。我国大理石矿产极为丰富、品种繁多,达到商业应用价值的有390多种,同时新的品种还在不断地被开发。大理石质地均匀细密,抗压强度较高,吸水率低,表面硬度一般不大,属中硬度石材。化学成分有 CaO、MgO、SiO_2 等,其中 CaO 和 MgO 的总量占50%以上。

① 大理石的性能特点

大理石的成分及其结构使其具有如下特点:

a. 优良的加工性能。天然大理石质地致密但硬度不大,具有优良的加工性能,可锯、切、钻孔、雕琢、磨平和抛光等。

b. 良好的装饰性能。天然大理石没有辐射且色泽艳丽、色彩丰富,抛光后光洁细腻,纹理自然流畅,有很高的装饰性。常用于大型公共建筑如宾馆、展厅、商场、机场、车站等室内墙面、地面、楼梯踏板、栏板、台面、窗台板、踏脚板等。

c. 耐久性高。天然大理石吸水率小,耐磨性能良好,抗压性强,不易老化,易清洁,其使用寿命一般在 40～100 年。

d. 具有不导电、不导磁、场位稳定等优良的物理特性。

② 大理石的分类

从商业角度来说,所有天然形成、能够进行抛光的石灰质岩石都称为大理石,某些白云石和蛇纹石也是如此。因为并非所有的大理石都适用于建筑场合,因此大理石应分为 A、B、C 和 D 四类。具体分类如下:

A 类:优质的大理石,具有相同的、极好的加工品质,不含杂质和气孔。

B 类:特征接近 A 类大理石,但加工品质比后者略差;有天然瑕疵;需要进行小量分离、胶粘和填充。

C 类:加工品质存在一些差异;瑕疵、气孔、纹理断裂较为常见。修补这些差异的难度中等,通过分离、胶粘、填充或者加固等一种或者多种方法即可实现,它们一般在安装前或安装过程中需要进行特殊处理。

D 类:特征与 C 类大理石的相似,但是它的天然瑕疵更多,加工品质的差异最大,在安装前或安装过程中需要进行多次表面处理。这类大理石包含了许多色彩丰富的石材,它们具有很好的装饰价值。

常见大理石品种及特点见表 3.1。

表 3.1　大理石常见品种及其特点

名称	产地	特　点
汉白玉	北京房山,湖北黄石	玉白色,略有杂点和纹脉
晶白	湖北	白色,有细致而均匀的晶粒
雪花	山东掖县	白色相间淡灰色,有均匀中晶,并有较多黄杂点
影晶白	江苏高资	乳白色,间有微红至深赭的陷纹
雪云	广东云浮	白和灰白相间
风雪	云南大理	灰白间有深灰色晕带
墨晶白	河北曲阳	五白色,有微晶,有黑色纹脉或斑点
冰琅	河北曲阳	灰白色,有均匀粗晶
云灰	北京房山,云南大理	白或浅灰底,有烟状或云状黑灰纹带
晶灰	河北曲阳	灰色微赭,均匀细晶粒,间有灰条纹或赭色斑

续表 3.1

名　称	产　地	特　点
驼灰	江苏苏州	上灰色底,有深黄赭色疏落脉纹
海涛	湖北	浅灰底,有深浅间隔的青灰色条状斑带
裂玉	湖北大冶	浅灰带微红色底,有红色脉络和青灰色斑
艾叶青	北京房山	青底,深灰间白色叶状斑纹,间有片状纹缕
残雪	河北铁山	灰白色,有黑色斑带
螺青	北京房山	深灰色底,满布青白相间螺纹状花纹
锦灰	湖北大冶	浅黑灰底,有红色和灰白色脉络
银河	湖北安陆	浅灰底,密布粉红脉络,杂有黄色脉纹
橘络	浙江长兴	浅灰底,密布粉红和紫红叶脉
山水	广东云浮	白色底,间有规律走向的灰黑色絮状条纹
墨壁	河北获鹿	黑色,杂有少量浅黑陷斑或少量黄维纹
墨夜	江苏苏州	黑色,间有少量白络纹或白斑
莱阳墨	山东莱阳	灰黑底,间有墨斑和灰白色斑点
墨玉	贵州、广西	黑色
黄花五	湖北黄石	淡黄色,有较多稻黄脉络
凝脂	江苏宜兴	猪油色底,稍有深黄细脉,偶带透明杂晶
碧玉	辽宁连山关	嫩绿或深绿和白色絮状相渗
彩云	河北获鹿	浅翠绿色底,深浅绿絮状相渗,有紫斑或脉络
斑绿	山东莱阳	灰白色底,有深草绿点

(2)花岗岩

花岗岩是一种岩浆在地表以下凝结形成的火成岩,主要成分是二氧化硅,其含量为 65%～85%。花岗石的化学性质呈弱酸性,非常坚硬,表面颗粒较粗,主要由石英、正长石和常见的云母组成。花岗岩不易风化,颜色美观。外观色泽可保持百年以上,由于其硬度高、耐磨损,除了用作高级建筑装饰工程、大厅地面外,还是露天雕刻的首选之材。

① 花岗岩的性能

因为花岗岩的强度比砂岩、石灰石和大理石大,因此比较难以开采。由于花岗岩形成的特殊条件和坚固的结构特点,使其具有如下独特性能:

a.具有良好的装饰性能,可适用于公共场所及室外的装饰。

b.具有优良的加工性能,可锯、切、磨光、钻孔、雕刻等。其加工精度可达 $0.5\mu m$ 以下,光度达 1600 以上。

c.耐磨性能好,比铸铁高 5～10 倍。

d.热膨胀系数小,不易变形,受温度影响极微。

e.弹性模量大,高于铸铁。

f.刚性好,内阻尼系数大,比钢铁大 15 倍。能防震,减震。

g.具有脆性,受损后只是局部脱落,不影响整体的平直性。

h.花岗岩的化学性质稳定,不易风化,能耐酸、碱及腐蚀气体的侵蚀,其化学稳定性与二氧化硅的含量成正比,使用寿命可达 200 年左右。

i.不导电、不导磁,场位稳定。

② 花岗岩的分类

天然花岗岩从结构构造上可分为三个不同的类别:

a.细粒花岗岩:长石晶体的平均直径为 1/16~1/8 英寸(1 英寸＝2.54cm)。

b.中粒花岗岩:长石晶体的平均直径约为 1/4 英寸。

c.粗粒花岗岩:长石晶体的平均直径约为 1/2 英寸,直径更大的晶体甚至达到几厘米。粗粒花岗岩的密度相对较低。

天然花岗岩从加工方式上可以分为:

a.剁斧板材:经过人工斩剁加工,形成表面粗糙、具有规则条状斧纹的板材,一般用于室外的地面、台阶、基座等处。

b.机刨板材:石材表面经过专门的石材加工机械刨平、切割,形成表面平整、有相互平行的刨切纹的板材。机刨板材一般用于地面、台阶、踏步、基座等处。

c.粗磨板材:石材表面经过粗磨,形成表面平整光滑、没有光泽的板材。一般用做需要微弱光泽效果的墙面、柱面、台阶、基座、纪念碑等处。

d.磨光板材:石材经过细磨和抛光,形成表面平整光亮、晶体纹理鲜明、颜色鲜艳多彩的板材。一般用于室内外墙面、地面、柱面等需要高光泽效果的地方。

③ 花岗岩的特点

花岗岩呈细粒、中粒、粗粒的粒状结构,或似斑状结构,其颗粒均匀细密,间隙小(孔隙率一般为 0.3%~0.7%),吸水率不高(吸水率一般为 0.15%~0.46%),有良好的抗冻性能。花岗岩的硬度高,其莫氏硬度在 6 左右,密度在 2.63~2.75g/cm³ 之间,压缩强度为 100~300MPa,其中细粒花岗岩的压缩强度可高达 300MPa,抗弯曲强度一般在 10~30MPa。

花岗岩常常以岩基、岩株、岩块等形式产出,并受区域地理构造控制,一般规模都比较大,分布也比较广泛,所以开采方便,易出大料,并且其节理发育有规律,有利于开采形状规则的石料。花岗岩成荒率高,能进行各种加工,板材可拼性良好;且不易风化,能用做户外装饰用石。花岗岩的质地纹路均匀,颜色虽然以淡色系为主,但也十分丰富,有红色、白色、黄色、绿色、黑色、紫色、棕色、米色、蓝色等,而且其色彩相对变化不大,适合大面积地使用。

2.人造石材

人造石材又称"人造大理石",是用非天然的混合物制成的,其结构致密,常由改性树脂、水泥与碎石、石粉通过粘合剂、蒸养、固化、烧结、抛光等不同手段制造而成。它是一种新型的复合材料,是用不饱和聚酯树脂与填料、颜料混合,加入少量引发剂,经一定的加工程序制成的,在制造过程中配以不同的色料可制成具有色彩艳丽、光泽如玉的酷似天然大理石的制品。因其具有无毒性、无放射性、阻燃性、不粘油、不渗污、抗菌防霉、耐磨、耐冲击、易保养、拼接无缝、造型和图案可人为控制等优点,符合现代装饰材料轻质、高强、美观、多品种的要求,是现代建筑工程理想的装饰材料。此外,人造大理石除了可以用于室内地面和墙面装饰外,也可制作各种卫生洁具,如洗面盆、浴缸、便器等。

(1)人造石材的性能特点

① 色差小　由于在合成过程中采用集中配料工艺,彻底解决了在天然石材装修过程中无法解决的色差问题,具有大面积色差小、外观色彩花纹均匀划一、整体装饰效果好等特点,特别适合大型工程中的大面积铺装。如宾馆、酒店、商场、机场、车站、地铁等场所的大面积装修,也是家庭居室装修和工艺家具制作的理想材料。

② 无辐射　由于人造石材在选料上进行严格筛选,几乎完全剔除了石材中所含的放射性元素,产品应符合《建筑材料放射性核素限量》(GB 6566—2010)标准 A 类装饰材料的要求。

③ 强度高　生产过程中消除了所有暗裂、裂隙,使得其铺装过程更加安全;经过高科技的处理和先进的成型工艺,其强度得到加强(部分强度高于同类型天然石材)。

④ 品种齐全、色泽艳丽　可以加入贝壳、玻璃、马赛克等作为点缀材料,品种丰富、齐全,也可以按照客户要求、所需颜色制造加工,使用者或设计可根据自己个性及风格选择花色品种,演绎独特的装饰装修效果。

⑤ 品质稳定　人造石材特殊的制造工艺、国际领先的技术水平,使其产品具有了稳定、可靠的质量保证。相比陶瓷砖,岗石有可多次翻新、规格尺寸大、平整度好等优点。

⑥ 质量轻　质量比同等天然大理石轻10%,符合我国住房和城乡建设部关于楼房承重标准的要求。

⑦ 易裁切、安装方法简单　由于尺寸精确、厚薄一致,所以可用常规方法进行铺装,如打龙骨铺装、胶粘、水泥铺装、胶泥粘结等,也可干挂。

(2)人造石材的分类

人造石材按生产所用原材料及生产工艺,一般可分为以下几类:

① 纯亚克力人造石(PMMA 板):主要原料是甲基丙烯酸甲酯、超细氢氧化铝(ATH)、颜料。其代表就是杜邦可丽耐。

② 复合亚克力人造石(UP/PMMA 板):这是一种以 PMMA 和不饱和聚酯树脂改良后的产品,如杜邦蒙特利。

③ 标准树脂板人造石(UP 板):其主要原材料是不饱和聚酯树脂、氢氧化铝(即三水合氧化铝)、颜料。

④ 非标准树脂板人造石:主要原材料是不饱和聚酯树脂、钙粉或其他石粉、颜料。

⑤ 人造大理石:分为树脂型和非树脂型。树脂型的主要原材料是不饱和聚酯树脂、石英砂、碎大理石、方解石粉等。这种树脂型人造大理石实质上就是非标准树脂板人造石。非树脂型人造大理石是指采用水泥作为粘结剂或其他方法制成的人造大理石。

⑥ 石英石人造石:这是一种由细小石英石或花岗岩合成的新科技人造石。产品内裹成分有超过90%天然石英石或花岗岩,再混合一种高性能树脂和特制颜料而结合为一体。它的主要材料是石英。

⑦ 微晶石:也称微晶玻璃、玉晶石、水晶石、结晶化玻璃、微晶陶瓷等。它采用石英石等天然无机矿物及氧化铝等化工原料,经熔窑熔制、水淬、晶化窑烧结和磨抛切割而成。

3.1.2.2   天然石材墙面的施工工艺

1. 准备工作

天然石材饰面板是天然形成的石材经过人工打磨和切割形成的,它的价格比较昂贵,且颜色和花纹只会近似不会相同,因此对天然石材饰面板的安装要求更为细致,施工前要做好各方面的准备工作。

① 施工工具:台钻、无齿切割锯、冲击钻、力矩扳手、开口扳手、嵌缝枪、专用手推车、卷尺、合尺、锤子、錾子、靠尺、方尺、多用刀、勾缝溜子、粉线包、墨斗、扫帚。

② 绘制施工大样:在石材饰面板施工安装之前,应该根据设计要求核实结构实际偏差的情况,并绘制施工图的大样。

③ 预拼选板:根据设计要求,核实所需板材的几何尺寸,可以用合尺进行测量,也可以做"品"字形的检查;核实板材表面是否有缺陷,如果轻微不明显、不影响使用,可以把它安排在阴角不明显的地方,假如缺陷比较明显,可以单独归类,在有非整砖需要时使用;核实石材饰面板的颜色和纹理,将颜色接近、纹理连贯的面板放在一起。然后对石材饰面板背面进行编号书写,一般用粉笔或蜡笔,不要用油性笔书写。

2. 石材墙面施工工艺

(1)粘贴法施工工艺

基层清理→弹线、找规矩→选板与预拼→找平→调胶、涂胶→石板的铺贴→清理嵌缝。

(2)锚固灌浆法施工工艺

基层清理→弹线→钻孔、剔槽→穿丝→绑扎钢筋→石材表面处理→基层准备→安装石材→灌浆→擦缝。

(3)楔固法施工工艺

基体处理→板材钻孔→基体钻孔→板材安装固定→灌浆→擦缝。

(4)石材干挂法施工工艺

基层处理→弹线→打孔→固定连接件→固定板块→嵌缝。

3. 石材墙面施工操作要点

(1)粘贴方法

薄型小规格块材(一般厚度在 10mm 以下),边长小于 40cm,可采用粘贴方法。

① 进行基层处理和吊垂直、套方、找规矩,可参见镶贴面砖施工要点有关部分。要注意,同一墙面不得有一排以上的非整材,并应将其镶贴在较隐蔽的部位。

② 在基层湿润的情况下,先刷界面剂素水泥浆一道,随刷随打底;底灰采用 1:3 水泥砂浆,厚度约 12mm,分两遍操作,第一遍约 5mm,第二遍约 7mm,待底灰压实刮平后,将底子灰表面划毛。

③ 石材表面处理:石材表面充分干燥(含水率应小于 8%)后,用石材防护剂进行石材六面体防护处理,此工序必须在无污染的环境下进行,将石材平放于木枋上,用羊毛刷蘸上防护剂,均匀涂刷于石材表面,涂刷必须到位,第一遍涂刷完间隔 24h 后用同样的方法涂刷第二遍石材防护剂,如采用水泥或胶粘剂固定,间隔 48h 后对石材粘结面用专用胶泥进行拉毛处理,拉毛胶泥凝固硬化后方可使用。

④ 待底子灰凝固后便可进行分块弹线,随即将已湿润的块材抹上厚度为 2~3mm 的素水

泥浆,内掺水重 20％的界面剂进行镶贴,用木槌轻敲,用靠尺找平找直。也可用胶粘法,严格按照产品规定进行调胶,按规定在石板的背面点式涂胶进行粘贴。

⑤ 清理嵌缝:将石材表面清理干净,进行嵌缝工作。一般缝的宽度不小于 2mm,用透明胶调入与石板颜色近似的颜料将缝嵌实。

(2)锚固灌浆法(传统湿挂法)

边长大于 40cm,镶贴高度超过 1m 时,可采用如下安装方法:

① 基层清理

a. 混凝土表面处理:当基体为混凝土时,将凸出表面不平整的部分用錾子凿平;当混凝土表面过于光滑时,要对其进行"凿毛"或"甩毛"的毛化处理;基体表面有油污时,用火碱水或相应的清洁剂,配以钢丝刷进行清洁,然后用清水刷净;基体表面如果有凹的部位,需要用 1:2 或 1:3 水泥砂浆补平。

b.砖墙表面处理:当基体为砖墙表面时,用錾子剔除砖墙上多余灰浆,然后用钢丝刷除浮土,并用清水将墙体充分、均匀地润湿。

② 弹线

首先将要贴大理石或磨光花岗石的墙面、柱面和门窗套用大线坠从上至下找出垂直。应考虑大理石或磨光花岗石板材厚度、灌注砂浆的空隙和钢筋网所占尺寸位置,一般大理石、磨光花岗石外皮距结构面的厚度应以 5～7cm 为宜。找出垂直后,在地面上顺墙弹出大理石或磨光花岗石等外廓尺寸线。此线即为第一层大理石或花岗石等的安装基准线。

③ 钻孔、剔槽

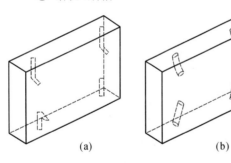

图 3.1　石材钻孔形式

(a)牛鼻子孔;(b)直孔

安装前先将饰面板按照设计要求用电钻钻孔,电钻垂直于立板顶面。在每块板的上、下两个面打孔,孔位打在距板端 1/4 处,每个面各打两个眼,孔径为 5mm,深度为 12mm,孔位距石板背面以 8mm 为宜。如大理石、磨光花岗石板材宽度较大时,可以增加孔数。在石材上钻孔有两种方式:一种是在石材顶端面上垂直打孔,然后在石材背面打直孔与其相交,形成"牛鼻子孔";另一种是在石材上打 45°斜孔,从顶端面穿至背板面,如图 3.1 所示。若饰面板规格较大,如下端不好拴绑镀锌钢丝或铜丝时,亦可在未镶贴饰面的一侧,采用手提轻便小薄砂轮按规定在板高的 1/4 处上、下各开一槽(槽长 40～50mm,槽深 10～15mm,与饰面板背面打通,竖槽一般居中,亦可偏外,但以不损坏外饰面和不泛碱为宜),可将镀锌铅丝或铜丝卧入槽内,便可拴绑于钢筋网固定。此法亦可直接在镶贴现场完成。如图 3.2 所示。

④ 穿铜丝或镀锌铅丝

把备好的铜丝或镀锌铅丝剪成长 20cm 左右的线段。一端用木楔蘸环氧树脂将铜丝或镀锌铅丝打进孔内固定牢固,另一端顺孔槽弯曲并卧入槽内,使大理石或磨光花岗石板上、下端面没有铜丝或镀锌铅丝凸出,以便和相邻石板接缝严密。

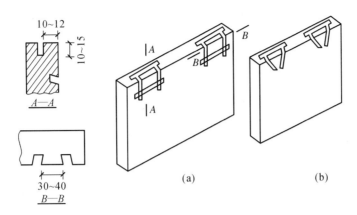

图 3.2   石材开槽形式

(a)四道槽;(b)三道槽

⑤ 绑扎钢筋

依据墙面基层结构的实际情况固定钢筋网片,它主要有以下几种情况:第一种情况是墙面提前预埋钢筋,可以直接将预埋钢筋提出来,先绑扎一道竖向 $\phi6$ 钢筋,并把绑好的竖筋用预埋筋压于墙面。横、竖向钢筋为绑扎石材用,可以根据石材的规格尺寸绑扎。第二种情况是墙面无预埋钢筋时,采用 $\phi8\sim\phi10$ 膨胀螺栓按照石材的排列在钢筋网的交点处进行固定,然后将钢筋网焊接在膨胀螺栓上,焊接完成后将焊渣敲掉再刷防锈漆,最后挂石材。如图 3.3 所示。第三种情况是墙面为陶粒砖等轻质墙体时采用 $\phi6$ 钢筋穿透墙体,并在墙体的另一侧弯成直角(长度约为 30mm)预埋在墙面抹灰层。

钢筋网绑扎顺序:先按照石材板块尺寸焊接竖向钢筋,然后固定第一道横筋在地面上10cm 处与立筋焊接牢固,用作绑扎第一层板材的下口固定铜丝或镀锌铅丝。第二道横筋绑扎在比石材板上口低 2~3cm 处,按照石材分块尺寸依次向上绑扎横筋。如图 3.4 所示。

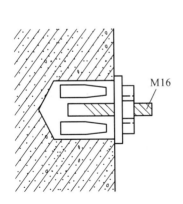

图 3.3   用膨胀螺栓固定竖向

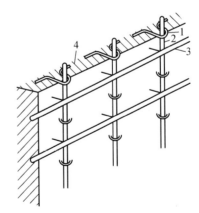

图 3.4   钢筋网绑扎示意图

1—预埋铁环;2—竖向筋;3—横向筋;4—墙体

⑥ 石材表面处理

石材表面充分干燥(含水率应小于 8%)后,用石材防护剂进行石材六面体防护处理,此工序必须在无污染的环境下进行,将石材平放于木枋上,用羊毛刷蘸上防护剂,均匀涂刷于石材表面,涂刷必须到位,第一遍涂刷完间隔24h后用同样的方法涂刷第二遍石材防护剂。如采用水泥或胶粘剂固定,间隔48h后对石材粘结面用专用胶泥进行拉毛处理,拉毛胶泥凝固硬化后方可使用。

⑦ 基层准备

清理预做饰面石材的结构表面,同时进行吊垂直、套方、找规矩,弹出垂直线和水平线,并根据设计图纸和实际需要弹出安装石材的位置线和分块线。

⑧ 安装大理石或磨光花岗石

按部位取石板并舒直铜丝或镀锌铅丝,将石板就位,石板上口外仰,右手伸入石板背面,把石板下口铜丝或镀锌铅丝绑扎在横筋上。绑时不要太紧,可留余量,只要把铜丝或镀锌铅丝和横筋拴牢即可,把石板竖起,便可绑大理石或磨光花岗石板上口铜丝或镀锌铅丝,并用木楔子垫稳,块材与基层间的缝隙一般为30～50mm。用靠尺板检查、调整木楔,再拴紧铜丝或镀锌铅丝,依次向另一方进行。柱面可按顺时针方向安装,一般先从正面开始。第一层安装完毕再用靠尺板找垂直,水平尺找平整,方尺找阴、阳角方正,在安装石板时发现石板规格不准确或石板之间的空隙不符,应用铅皮垫牢,使石板之间缝隙均匀一致,并保持第一层石板上口的平直。找完垂直、平整、方正后,用碗调制熟石膏,把调成粥状的石膏贴在大理石或磨光花岗石板上下之间,使这两层石板粘结成整体,木楔处可粘贴石膏,再用靠尺检查有无变形,等石膏硬化后方可灌浆(如设计有嵌缝塑料软管者,应在灌浆前塞放好)。如图3.5所示。

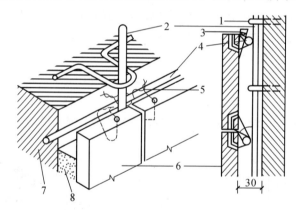

图3.5 钢筋网片绑扎固定石板示意图

1—铁环;2—立筋;3—定位木楔;4—横筋;5—金属丝绑牢;6—饰面石板;7—基体;8—水泥砂浆

⑨ 灌浆

把配合比为1∶2.5的水泥砂浆放入桶中加水调成粥状,用铁簸箕舀浆徐徐倒入,注意不要碰大理石,边灌边用橡皮锤轻轻敲击石板面使灌入的砂浆排气。第一层浇灌高度为150mm,不能超过石板高度的1/3;第一层灌浆很重要,因既要锚固石板的下口铜丝又要固定饰面板,所以要轻轻操作,防止碰撞和猛灌。如发生石板外移错动,应立即拆除重新安装。等待第一层砂浆初凝后(1～2h),检查板材是否牢固,再灌第二层。第二层的灌浆高度一般为200～300mm,灌至板材的1/2高度。待第二层砂浆初凝后灌第三层砂浆,高度至板材上口50～100mm为止。注意灌浆应沿水平方向均匀灌注,每次灌浆高度不宜过高,防止板材移位。每排板材灌浆完毕后,都应进行不少于24h养护,再进行下一排石材板材的安装施工。

⑩ 擦缝

全部石板安装完毕后,清除所有石膏和余浆痕迹,用抹布擦洗干净,并按石板颜色调制色浆嵌缝,边嵌边擦干净,使缝隙密实、均匀、干净、颜色一致。

⑪ 夏期施工

夏期安装室外大理石或磨光花岗石时,应有防止暴晒的可靠措施。

⑫ 冬期施工

a. 灌缝砂浆应采取保温措施,砂浆的温度不宜低于 5℃。

b. 灌注砂浆硬化初期不得受冻。气温低于 5℃时,室外灌注砂浆可掺入能降低冻结温度的外加剂,其掺量应由试验确定。

(3)楔固法(改进湿作业法)

传统湿作业锚固灌浆法的施工操作比较复杂,施工工序较多,采用钢筋网作为骨架,也提高了成本,故而人们改进了传统湿作业的操作方法,将固定板块的钢钉直接楔紧在墙柱基体上,这就是楔固法。

① 基体处理

大理石安装前,先对清理干净的基体用水润湿,并抹上 1∶1 水泥砂浆(要求中砂或粗砂)。大理石饰面板背面也要用清水刷洗干净,以提高其粘结力。

② 石板钻孔

将大理石饰面板直立固定于木架上,用手电钻在距板两端 1/4 处居板厚中心钻孔,孔径 6mm,深 35～40mm。板宽小于或等于 500mm 的打直孔两个;板宽大于 500mm 的打直孔三个;板宽大于 800mm 的打直孔四个。然后将板旋转 90°固定于木架上,在板两侧分别打直孔一个,孔位距板下端 100mm 处,孔径 6mm,孔深 35～40mm,上、下直孔都用合金錾子在板背面方向剔槽,槽深 7mm,以便安卧 U 形钉。

③ 基体钻孔

板材钻孔后,按基体放线分块位置临时就位。对应于板材上、下直孔的基体位置上,用冲击钻钻成与板孔数相等的斜孔,斜孔成 45°角,孔径 6mm,孔深 40～50mm。如图 3.6 所示。

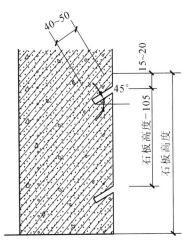

图 3.6　楔固法钻孔示意图

④ 板材安装、固定

基体钻孔后,将大理石板安放就位,根据板材与基体相距的孔距,用刻丝钳子现制直径 5mm 的不锈钢 U 形钉,一端勾进大理石板直孔内,随即用硬木小楔楔紧;另一端勾进基体斜孔内,拉小线或用靠尺板和水平尺校正板的上、下口及板面的垂直度和平整度,检查与相邻板材接合是否严密,随后将基体斜孔内不锈钢 U 形钉楔紧。接着用大头木楔固定于板材与基体之间,以紧固 U 形钉。如图 3.7 所示。

大理石饰面板位置校正准确、临时固定后,即可进行分层灌浆。灌浆及成品保护和表面清洁等,与传统安装方法相同。

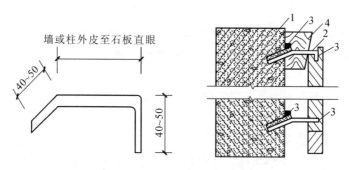

图 3.7　楔固法安装固定示意图

1—基层；2—U 形钉；3—硬小木楔；4—大木楔

（4）石材墙面直接干挂法

直接干挂法也称金属扣件干挂法，是在墙体上打孔，将石材与墙体直接通过各种金属连接件进行连接的一种施工方法。

① 基层处理

由于干挂法不涉及水泥砂浆的灌浆施工，所以对基层的要求没有锚固灌浆法那么严格。如果混凝土基体表面有局部凸出墙体的部分影响金属扣件的安装，需要进行凿平，整体的平整度应在 4mm 以内，墙面垂直偏差在 $H/1000$ 或 20mm 以内，一般控制在 10mm。

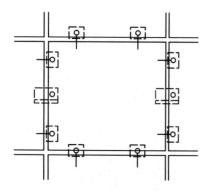

图 3.8　打孔固定点位置图

② 弹线

石材安装前用经纬仪定出大角两个面的竖向控制线，最好弹在离大角 20cm 的位置上，以便随时检查垂直挂线的准确性。竖向控制线一般采用直径为 1.0～1.2mm 的钢丝。

③ 打孔

由于要用不锈钢连接件进行连接，所以要求钻孔位置一定要准确，可以用专用的模具夹住板材直立固定在台钻上，进行石材钻孔。孔位为距板端 1/4 处，板厚的中心位置，钻头与要钻孔的板面垂直，孔径为 5mm，孔深为 20mm。如图 3.8 所示。

④ 固定连接件

根据设计图纸要求，在墙体相应位置上用 12.5mm 冲击钻打孔，孔深为 60～80mm，安装固定 2mm 不锈钢膨胀螺栓和 L 形角钢，如图 3.9 所示。

⑤ 固定板块

a. 底层石材安装：用夹具暂时将底层的石板固定，依次按顺序安装底层面板，全部就位后，调整面板的整体水平度和垂直度。用衬条将板缝嵌紧，然后用白水泥配制的 1∶2.5 砂浆灌于底层面板内 20cm 高，砂浆表面上设排水管。

b. 中间石材安装：把配合比为 1∶1.5 的白水泥环氧树脂倒入固化剂、促进剂搅拌均匀，用小棒将配好的胶液抹入孔中，再将连接钢针通过板材上的小孔插入。

c. 面板暂时固定后，调整水平度。如果上口不平，可以在面板的一端下口连接平钢板上

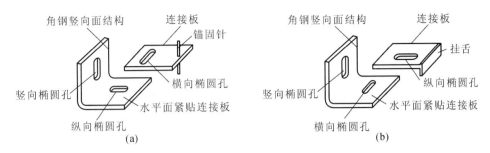

图 3.9   石材组合挂件示意图

垫一相应的双股铜丝垫,如果铜丝比较粗,可以用小锤砸扁。调整垂直度,并调整面板上口不锈钢连接件的距墙空隙,直至面板垂直。

d. 顶部石材安装:顶部最后一层的安装除了符合一般石材安装的要求外,在调整完毕后,在结构与石板缝隙里吊通长 20mm 厚木条,木条上平为石板上口下去 250mm,吊点可设在连接铁件上。木条吊好后,在石材与墙面直接塞放 50mm 厚聚苯乙烯板,板条宽度略宽于缝隙,便于填塞密实,灌 1:3 水泥砂浆至石板口下 20mm 作为压顶盖板之用。

⑥ 嵌缝

石板挂贴完毕,将石材表面和缝隙里的灰尘清除,先用直径 8~10mm 的泡沫塑料条填板内侧,留 5~6mm 深缝,在缝两侧的石板上,靠缝粘贴 10~15mm 宽塑料胶带,以防打胶嵌缝时污染板面,然后用打胶枪填满封胶,若密封胶污染板面,必须立即擦净。最后揭掉胶带,清洁石板表面,打蜡抛光。

3.1.3   陶瓷饰面工程

陶瓷饰面工程的主要材料是瓷砖。瓷砖是以耐火的金属氧化物及半金属氧化物,经由研磨、混合、压制、施釉、烧结而形成的一种耐酸碱的瓷质或石质等建筑或装饰材料。其原材料多由黏土、石英砂等混合而成。因其具有便于安装运输、耐磨、防潮、抗腐蚀、环保、经济等优点,深受人们青睐,成为理想的主流装饰材料。

3.1.3.1   瓷砖的性能
(1)产品大小片尺寸统一,可节省施工时间,而且整齐美观。
(2)吸水率低的瓷砖,因气候变化导致热胀冷缩而产生龟裂或剥落的概率低。
(3)平整性佳的瓷砖,表面不弯曲、不翘角,容易施工,施工后地面平坦。
(4)抗折强度高,耐磨性佳且抗重压,不易磨损,历久弥新,适合公共场所使用。
(5)色差小,相对天然材料,同一厂家批次生产出的瓷砖安装后色差小,颜色统一协调。

3.1.3.2   瓷砖的分类
1. 釉面砖

釉面砖是指砖表面烧有釉层的瓷砖。这种砖分为两大类:一类是用陶土烧制的,因吸水率较高而必须烧釉,这种砖的强度较低,常用来作为墙砖,现在已很少使用;另一类是用瓷土烧制的,为了追求装饰效果也烧了釉,这种瓷砖结构致密、强度很高、吸水率较低、抗污性强,价格比陶土烧制的瓷砖稍高。瓷土烧制的釉面砖,目前被广泛使用于家庭装修,有 80% 的购买者都用这种瓷砖作为地面装饰材料。分辨这两种砖的诀窍很简单:陶土烧制的瓷砖背面是红色的,瓷土烧制的砖背面是白色的。在用陶土烧制的瓷砖中,西班牙生产的墙地砖因其独特的装饰效果,目前在市场上很盛行,但这种砖的价格较高,一般用于中高档家庭装修。

2.通体砖

这是一种不上釉的瓷质砖,有很好的防滑性和耐磨性。我们一般所说的"防滑地砖",大部分是通体砖。由于这种砖价位适中,所以深受消费者喜爱。其中"渗花通体砖"花纹美丽,更是令人爱不释手。

3.抛光砖

通体砖经抛光后就成为抛光砖,这种砖的硬度很大,所以非常耐磨。

4.玻化砖

这是一种高温烧制的瓷质砖,是所有瓷砖中最硬的一种。有时抛光砖被刮出划痕时,玻化砖仍然安然无恙。但这种砖的价格较高。

3.1.3.3 挑选瓷砖的方法

(1)看规格:好的砖放在一起,尺寸一致,规格偏差不允许超过1mm,对缝高度不应超过1mm。

(2)看吸水率:吸水率越低越好,可以往瓷砖背面倒些水,观察其扩散速度,如果水一下子就全被吸收了,那就是吸水率高;如果水很难或很慢才渗入,说明砖比较好,吸水率低。

(3)看表面质量:看颜色是否匀称,有无斑点、破损坏面。

(4)掂分量:同规格的瓷砖,越重说明质地越密实,吸水率越低。

(5)耐污染性:将瓷砖背面朝上,将墨水滴在上面,等待3~4min后,用潮湿的布擦拭。如果能擦掉,证明瓷砖的密度大,吸水率低,比较好;假如有痕迹,证明瓷砖的密度小,吸水率高。

(6)听声音:将瓷砖拿起,用手指敲击,发出的声音越清脆则瓷质越好。

3.1.3.4 陶瓷内墙面砖的施工工艺

1.施工流程

基层清理→找平→预排、弹线→做标志块→垫底尺→浸砖→镶贴瓷砖→擦缝。

2.施工操作要点

(1)基层清理

基层为砖墙时,应将墙面上残存的废余砂浆块、灰尘、油污等清理干净,并提前一天浇水润湿基层为混凝土墙应剔凿胀模的地方,清洗油污,太光滑的墙面要凿毛,或用掺合格胶的水泥细砂浆做小拉毛墙或涂刷界面处理剂。

(2)找平

打底时要分层进行,每层厚度宜5~7mm。

(3)预排、弹线

底层灰六七成干时,按图纸要求,结合实际和釉面砖规格进行预排、弹线。

① 预排原则:根据大样图及墙面尺寸与砖的规格和缝隙宽度进行横、竖排砖的预排。在同一面墙上横、竖排列,一般不能有一行以上的半砖,非整砖应排在阴角和次要部位。釉面砖的排列方法有"直缝"和"错缝"两种。如图3.10所示。

② 弹线:根据室内水平线找出地面标高,弹出瓷砖的水平和垂直的控制线。

（4）做标志块

正式镶贴前应贴标准点。为了更好地控制表面平整度，可以每隔 1.5m 做一个 50mm×50mm 标志块，用拉线或靠尺校正平整。

（5）垫底尺

计算好最下一皮砖下口标高，一般比地面低 1cm 左右，以此为依据放好底尺，要求水平安稳。

（6）浸砖

镶贴釉面砖前，面砖应先浸 2h 以上，然后取出晾干待用。

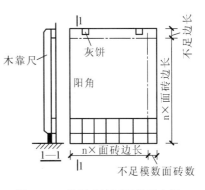

图 3.10　釉面砖墙面预排示意图

（7）镶贴瓷砖

瓷砖应自下向上粘贴，要求满刀灰，灰浆饱满，四周刮成斜面。贴在墙面上时用力按下，并用灰铲木柄轻击砖面，使砖与墙面粘贴牢固。当亏灰时，不能从侧面塞灰，应该取下重粘，要求随时用靠尺检查平整度，随粘随检查，同时要保证缝隙宽度一致。

（8）擦缝

镶贴完，自检无空鼓、不平、不直后，用棉丝擦净，然后用白水泥浆擦缝，用布将缝子的素浆擦匀，砖面擦净。

3.1.4　金属饰面板工程

金属饰面板是一种以金属为表面材料复合而成的新型室内装饰材料。作为装饰饰面，它能营造现代化的装饰效果，保护饰面层，增加其耐久性。目前，建筑装饰饰面工程中常用的金属制品种类很多，主要有普通不锈钢板、彩色不锈钢板、彩色涂层钢板、铝合金板等。

3.1.4.1　金属饰面板的种类

1.普通不锈钢板

它除了具有普通钢材的性质外，还具有不易生锈、有极好的表面光泽度等特点。不锈钢表面经过加工后，可以获得镜面般光亮平滑的效果，光反射比可达到 90% 以上，具有良好的装饰性，是极富有现代气息的金属装饰材料。

2.彩色不锈钢板

它是在普通不锈钢板的基面上，通过进行艺术性和技术性的精心加工，使其表面成为具有各种绚丽色彩的不锈钢装饰板。彩色不锈钢板的颜色繁多，有蓝、灰、紫、红、青、绿、橙、茶、金黄等多种，能满足各种装饰的要求。

3.彩色涂层钢板

原板多为热轧钢板和镀锌钢板。为提高钢板的防腐蚀性能和表面性能，须涂覆有机、无机或复合涂层，其中以有机涂层钢板发展较快，常用的有机涂层为聚氯乙烯，此外还有聚丙烯酸酯、环氧树脂、醇酸树脂等。涂层与钢板的结合方法有薄膜层压法和涂料涂覆法。彩色涂层钢板可做屋面板和墙板等。上钢三厂生产的塑料复合钢板，长度为 1800mm、2000mm，宽度为450mm、500mm、1000mm，厚度有 0.35～2.0mm 等多种，具有耐腐蚀、耐磨、绝缘等性能。

4.铝合金板

用于装饰工程的铝合金板,其品种和规格较多。从表面处理方法分有阳极氧化处理及喷涂处理,从常用的色彩分有银白色、古铜色、金色等,从几何尺寸分有条形板和方形板。条形板的宽度多为 80~100mm,厚度多为 0.5~1.5mm,长度为 6m 左右;方形板包括正方形、长方形等。

铝合金墙面主要由铝合金板和骨架组成。骨架的横、竖杆通过连接件与结构固定,铝合金板作为饰面板固定在骨架上,骨架的横、竖杆一般采用铝合金型材或型钢(如角钢、槽钢等),也可以用方木做骨架。铝合金板固定在骨架上的方法多种多样,常用的固定方法主要有两大类:一种是将板条或方板用螺钉拧到型钢或木骨架上;另一种是采用特制的龙骨,将板条卡在特制的龙骨上。

3.1.4.2 金属饰面板的特点

金属饰面板具有自重轻、安装简便、耐候性好的特点,更突出的是可以使建筑物的外观色彩鲜艳、线条清晰、庄重典雅,这种独特的装饰效果受到建筑设计师的青睐。

3.1.4.3 金属饰面板的施工工艺

1.施工流程

弹线→固定骨架连接件→固定骨架→安装铝合金板→细部处理。

2.操作要点

(1)弹线、找规矩

首先根据设计图纸的要求和几何尺寸,对镶贴金属饰面板的墙面进行吊垂直、套方、找规矩,并一次实测和弹线,确定饰面墙板的尺寸和数量。

(2)固定骨架连接件和骨架

骨架的横、竖杆件是通过连接件与结构固定的,而连接件与结构之间可以与结构的预埋件焊牢,也可以在墙上打膨胀螺栓。因后一种方法比较灵活,尺寸误差较小,容易保证位置的准确性,因而在实际施工中采用得比较多。须在螺栓位置画线并按线开孔。骨架应预先进行防腐处理。安装骨架位置要准确,结合要牢固。安装后应全面检查中心线、表面标高等。对高层建筑外墙,为了保证饰面板的安装精度,宜用经纬仪对横、竖杆件进行贯通。变形缝、沉降缝等应妥善处理。

(3)安装铝合金板

墙板的安装顺序是从每面墙的边部竖向第一排下部第一块板开始,自下而上安装。安装完该面墙的第一排再安装第二排。每安装铺设 10 排墙板后,应吊线检查一次,以便及时消除误差。为了保证墙面外观质量,螺栓位置必须准确,并采用单面施工的钩形螺栓固定,使螺栓的位置横平竖直。固定金属饰面板的方法中,常用的主要有两种:一种是将板条或方板用螺丝拧到型钢或木架上,这种方法耐久性较好,多用于外墙。另一种是将板条卡在特制的龙骨上,此法多用于室内。板与板之间的缝隙一般为 10~20mm,多用橡胶条或密封件弹性材料处理。当饰面板安装完毕,注意在易于被污染的部位要用塑料薄膜覆盖保护。易被划、碰的部位,应设安全栏杆保护。

3.1.5 玻璃幕墙工程

玻璃幕墙是一种以玻璃饰面板为装饰材料的工程,它是由结构框架与镶嵌板材组成,不承担主体结构荷载与作用的建筑外围护结构。它具有吸收红外线、减少进入室内的太阳辐射、降低室内温度等优点,因此在我国建筑工程中得到广泛使用。

3.1.5.1　材料

建筑用玻璃按加工工艺的不同分为平板玻璃、装饰玻璃和工业技术玻璃,而用于饰面的主要是平板玻璃和工业技术玻璃。

1. 平板玻璃

平板玻璃又称作窗玻璃,它又分为普通平板玻璃、浮法玻璃、磨砂玻璃、吸热玻璃和热反射玻璃等。其厚度一般为 2～6mm,有些时候根据特殊需要也会制作 8mm、10mm、12mm、15mm厚度的玻璃;长宽尺寸在 1.2～2.6m 之间。普通平板玻璃和浮法玻璃的透光率在 82% 以上,导热系数在 0.76～0.82W/(m·K);吸热玻璃的透光率为 70%～75%,能吸收 70%～80% 的太阳辐射热;热反射玻璃的太阳辐射热反射率大于或等于 30%。

2. 工业技术玻璃

① 钢化玻璃　它是平板或浮法玻璃经加热到 600～650℃ 以迅速冷却或化学方法钢化处理后产生的高强度玻璃。它的强度比普通玻璃提高了 3～5 倍,并具有良好的抗冲击、抗弯和耐急冷、急热的特点,可用于门窗和幕墙等。

② 夹层玻璃　它是中间夹有透明的塑料衬片,外面由两片或多片平板或钢化玻璃经过加热、加压粘合而成的玻璃制品。它具有较高的抗冲击强度,玻璃破碎时不裂成碎块,仅产生辐射状或同心圆形裂纹,且碎片仍粘贴在膜片上,不致伤人。

③ 中空玻璃　它是由两层或两层以上平板玻璃构成,四周用高强度、高气密性复合胶粘剂将两片或多片玻璃与密封条、玻璃条粘结、密封,中间充入干燥气体,框内充以干燥剂,以保证玻璃片间的干燥度。它具有优良的隔音、保温效果,能使噪音由 80dB 降至 30dB。

④ 微晶玻璃　它是一种新型装饰材料,具有质地细腻、不风化、不吸水并可制成曲面的特点。其外观与玛瑙、玉石和鸡血石等名贵石材相似,装饰效果极好,目前只有少数国家能制造。其施工方法同天然石材的粘贴法,其板材物理性能优于大理石、花岗岩。

⑤ 玻璃砖　玻璃砖又称厚玻璃,是透明或有颜色玻璃制成的块状、空心的玻璃制品或块状表面施釉的制品。它的品种有实心砖、空心砖、玻璃锦砖(马赛克)。实心砖是用熔融玻璃采用机械模压制成的矩形块状制品。空心砖是由两块凹形砖坯在高温下熔接或粘结而成的方形或矩形玻璃空心制品。

3.1.5.2　玻璃幕墙的分类

1. 按外形分类

(1)明框玻璃幕墙　可以看到幕墙骨架(横档和竖梃),它是玻璃幕墙最传统的一种形式,使用寿命长,施工稳定性强,分格明显。

(2)隐框玻璃幕墙　可以分为全隐框玻璃幕墙和半隐框玻璃幕墙。全隐框玻璃幕墙外观只看到玻璃,看不到骨架。半隐框玻璃幕墙只能看到骨架的横档或竖梃。它是将玻璃用硅酮结构密封胶固定在铝框上形成大面积的玻璃镜面。

(3)全玻璃幕墙　指整个幕墙的饰面和骨架全由玻璃组成。它一般用于具有展示作用的墙面,墙体自重轻、施工方便、工期短、维护方便,但同时也存在造价较高、抗风抗震性能较差、能耗较大等缺点。

（4）点支承玻璃幕墙　也叫点式玻璃幕墙或挂架式玻璃幕墙，是指幕墙由金属骨架和不锈钢爪件、玻璃组成。

2.按施工方法分类

（1）单元式施工　构成幕墙的单元框架（骨架材料、玻璃、保温隔热材料）由工厂组装完成，到现场依次进行安装的施工。

（2）元件式施工　指将材料运到施工现场后，进行现场组装的一种施工方法。这种施工方法可以支持明框玻璃幕墙、隐框玻璃幕墙的施工。

另外，按施工方法还有无骨架式（全玻璃）幕墙施工、挂架式（点支承式）玻璃幕墙施工。

3.1.5.3　玻璃幕墙的安装

1.施工流程

（1）元件式安装工艺顺序

搭设脚手架→检验主体结构幕墙面基体→检验、分类堆放幕墙部件→测量放线→清理预埋件→安装连接紧固件→质检→安装竖梃（杆）、横档→安装玻璃→镶嵌密封条及周边收口处理→清扫→验收、交工。

（2）全玻璃幕墙安装工艺顺序

测量放线→安装底框→安装顶框→玻璃就位→玻璃固定→粘结面玻璃→粘结肋玻璃→处理幕墙玻璃之间的缝隙→处理肋玻璃端头→清洁。

（3）点式玻璃幕墙安装工艺顺序

检验、分类堆放幕墙构件→现场测量放线→安装钢骨架（竖梃、横档、钢缆 ）→调整紧固件→组装驳接件（钢爪）→玻璃就位→钢爪紧固螺钉、固定玻璃→玻璃纵、横缝打胶→清洁。

2.元件式玻璃幕墙安装施工要点

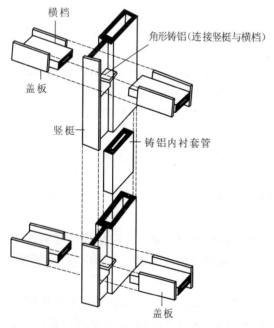

图 3.11　幕墙竖梃、横档构造

（1）测量放线

利用重锤、钢丝线和测量仪器及水准仪等工具在工作层上放出玻璃幕墙平面、横档、竖梃以及转角等基准线。再依据各层轴线定出楼板上预埋件的中心线和连接件的外边线，以便与主龙骨——竖杆连接。对于高层建筑的测量，应该在风力不大于四级的情况下进行，避免雨天进行测量。

（2）安装幕墙竖梃

进行竖梃与连接件之间的安装。连接件安装后可进行竖梃的连接，竖梃一般每两层一根，通过紧固件与连接件连接。每安装一根都应调直、固定。安装固定竖梃时，假如基层有结构预埋件，将连接件与其临时点焊在一起；假如基层墙体内没有预埋件，可以直接在墙上打孔，下膨胀螺栓锚，将连接件与膨胀螺栓临时点焊在一起进行固定。如图 3.11 所示。

(3)安装幕墙横档

横向杆件如是型钢时,可用焊接或螺栓连接,也可将横杆穿插在穿插件上,穿插件用螺栓与竖杆固定。横杆如用铝合金型材时,与铝合金竖杆可用角钢或角铝为连接件。如横杆两端套有防水橡胶垫,则安装时需用木撑将竖杆撑开些,装下横杆后再放开支撑,这样可将防水橡胶垫压紧。

(4)调整固定幕墙横档、竖梃

调整横档和竖梃的垂直度和水平度,然后对临时点焊的部位进行正式的焊接。所以焊接过的点和缝隙都应该进行防锈、防腐、防火的处理。有热工要求的幕墙,将橡胶密封垫套在镀锌钢板四周,插入次龙骨铝件槽中,在镀锌钢板上焊钢钉,将矿棉保温层粘在钢板上,并用铁钉、压片固定保温层。如图 3.12 所示。

(5)安装玻璃

玻璃与构件不能直接接触,每块玻璃的下部都要垫不少于两块弹性橡胶垫块;宽度与槽口相同,长度不小于 100mm。然后嵌入内胶条,安装玻璃,再嵌入外胶条。如图 3.13 所示。

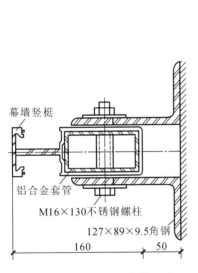

图 3.12 玻璃幕墙竖梃的固定

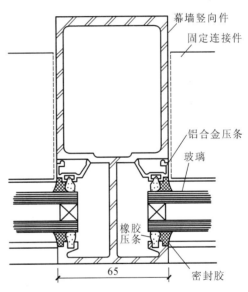

图 3.13 竖框(竖杆)上玻璃的安装

(6)抗渗漏试验

幕墙施工中应采用淋水的方法,分层进行抗雨水渗漏试验。

3.全玻璃幕墙安装施工要点

(1)测量放线

① 要使用高精度的激光水准仪、经纬仪,配合用标准钢卷尺、重锤、水平尺等复核。对高度大于 7m 的幕墙,还应反复进行两次测量核对,以确保幕墙的垂直精度,要求上、下中心线偏差小于 1~2mm。

② 测量放线应在风力不大于 4 级的情况下进行,对实际放线与设计图之间的误差应进行调整、分配和消化,不能使其积累。通常以利用适当调节缝隙的宽度和边框的定位来解决。如果发现尺寸误差较大,应及时反映,以便采取重新制作一块玻璃或其他方法合理解决。

（2）安装顶部构件

将全玻璃幕墙顶部构件按照要求与预埋件进行焊接。没有预埋件可以先将角钢与顶部构件进行焊接，再用膨胀螺栓穿过角钢与主体结构连接。

（3）安装底部构件

按照设计要求将底框构件与楼、地面的预埋件焊接在一起。当楼、地面没有预埋件时，可以用膨胀螺栓穿过角钢与地面连接，再将底框构件与角钢进行焊接。

（4）安装玻璃

玻璃运到现场，首先应确认玻璃的表面无裂纹、棱角无缺陷。在玻璃一侧安装电动吸盘机，用起重机械将吸住玻璃的吸盘机试吊，检查吸盘是否牢固地吸在玻璃上。然后正式吊起，配合现场工人协作，将玻璃放置就位。一般是先将玻璃插入顶部框架内，再继续向上抬起，当玻璃对准底部框架槽口时，将玻璃放入底部槽内。注意，玻璃不能与顶部、底部构件直接接触，应在槽内框底放入橡胶垫块。

玻璃就位后，填塞上、下边框外部槽口内的泡沫塑料圆条，然后往缝隙内注入密封胶，上表面与玻璃或框表面呈45°角。

（5）安装肋玻璃

全玻璃幕墙高度不超过4m的，可以不加肋玻璃；超过4m的全玻璃幕墙，应用肋玻璃加强，肋玻璃的厚度不少于19mm；当全玻璃幕墙高度超过6m时，顶部应安装吊具，将玻璃幕墙吊起，减轻底部压力。如图3.14所示。

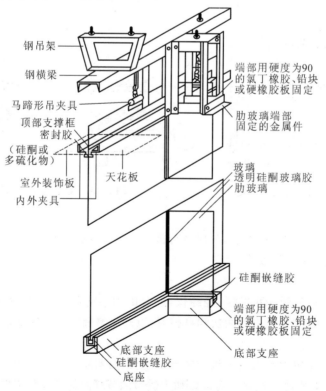

图3.14　全玻璃幕墙构造示意图

安装肋玻璃时,先按照预先设计好的与肋玻璃接触的全玻璃幕墙位置上刷结构胶,然后将肋玻璃放入底部框内,向刷胶的幕墙轻轻推压,粘结牢固。最后向肋玻璃两侧缝隙内填塞填充料,注入密封胶。

(6)清洁

全玻璃幕墙安装完毕后,将玻璃内外表面清洁干净,再一次检查胶缝的质量是否合格,是否需要做修补。

4. 点支承式玻璃幕墙施工

点支承式玻璃幕墙主体结构多为钢结构支承,是指采用钢结构作为面玻的支撑受力体系,在钢结构上伸出驳接件固定面玻的玻璃幕墙,支撑结构分为驳接式、桁架驳接式、拉杆驳接式、网索驳接式。玻璃四角的驳接件承受着风荷载和水平地震作用。钢结构可以是钢管、钢杆、方通,也可以由拉杆或拉索组成。当跨度较小时,可采用单杆式支承结构;在跨度较大时,应采用空腹桁架支承结构,桁架的受拉杆件可用钢绞线或圆钢代替,形成拉索或拉杆桁架。

下面我们就用单杆式为例进行说明。

(1)测量放线

要使用高精度的激光水准仪、经纬仪,配合用标准钢卷尺、重锤、水平尺等复核。对高度大于7m的幕墙,还应反复进行两次测量核对,以确保幕墙的垂直精度。要求上、下中心线偏差小于1~2mm。测量应避免在雨天和风力大于4级的天气进行。

(2)安装(预埋)铁件

主要以土建单位提供的水平线标高、轴向基准点、垂直预留孔位置确定每层控制点,并以此采用经纬仪、水准仪为每块预埋件定位,并加以固定,以防浇筑混凝土时发生位移,确保预埋件位置准确。若有预埋件受梁板内钢筋的限制而产生较大偏移的现象,必须在浇筑混凝土前予以纠正。

(3)安装钢骨架

首先将钢骨架的竖梃安装固定,再按单元将横档与竖梃焊接固定。

(4)安装驳接件

驳接件是钢骨架与玻璃之间的连接件,它由驳接爪和驳接头组成。按照施工图要求,通过螺纹与承重连接杆连接,并通过螺纹来调节驳接爪与玻璃安装面的距离。驳接头在玻璃安装前固紧在玻璃安装孔内。为确保玻璃受力部分为面接触,必须将驳接头内的衬垫垫齐并打胶,使之与玻璃隔离,并将锁紧环拧紧密封。

(5)安装玻璃

玻璃安装前应检查核对钢结构主支撑的垂直度、标高以及横梁的高度和水平度是否符合设计要求,特别要注意安装孔位的复查。还应检查驳接爪的安装位置是否准确。

将玻璃吊至安装高度后由工人进行安装就位。就位后及时在夹具与钢爪的连接螺杆上套上橡胶垫圈,插入钢爪中,再套上垫圈,拧上螺母初步固定。然后确定玻璃整体平整度,如需调整,可以调节驳接爪、驳接头的螺纹,使4块相邻的玻璃处在同一平面内,调整标准必须达到"横平、竖直、面平"。玻璃板块调整后马上固定,将夹具与钢爪的紧固螺母拧紧。

(6)打胶

打胶前将玻璃边部和缝隙里的污染物清洗干净,并保持干燥。在需打胶的部分粘贴保护胶纸,注意胶纸与胶缝要平直。用胶枪注胶时要缓慢均匀,随时检查是否有气泡。玻璃胶固化后,迅速将胶带撕下,清洁外玻璃,做好防护标志。

3.2　外墙饰面砖工程施工

外墙饰面砖装饰是室外建筑墙、柱面装饰中经常采用的一种装饰形式。作为建筑工程的外部装饰饰面,它的施工工艺、所用材料不仅直接影响室外环境的美观,还会涉及人身安全,因此,对外墙面砖的选择和施工方法、质量标准都有着严格的要求。本节任务是能正确掌握室外饰面砖工程的施工方法、质量验收方法及质量通病的防治。

3.2.1　施工结构图示及施工

外墙饰面砖工程是一种湿作业施工方法,要先将建筑外墙用水泥砂浆找平,以聚合物水泥砂浆为粘结层,贴外墙面砖为饰面。如图 3.15 所示。

图 3.15　外墙饰面砖施工构造图

3.2.2　施工必备条件

(1)主体结构已施工完毕,并通过验收。

(2)搭设了外脚手架(高层多采用吊篮或可移动的吊脚手架),选用双脚手架子或桥架,其横、竖杆及拉杆等离开墙面和门、窗口角 150～200mm,架子步高符合安全操作过程。架子搭好后应经过验收。

(3)预留孔洞、排水管等处理完毕,门、窗框扇已安装完;且门、窗框与洞口缝隙已堵塞严实;并采取成品保护措施。

(4)当气温低于 0 ℃时,必须有可靠的防冻措施;当气温高于 35 ℃时,应有遮阳措施。

(5)基层含水率宜为 15％～25％。

(6)挑选面砖,已分类存放备用。

(7)施工现场所需的水电、机具和安全设施齐备。

(8)已放大样并做出粘贴面砖样板墙,经质量监理部门鉴定合格及技术人员和业主认可,施工工艺及操作要点已向操作者交底,可进行大面积施工。

3.2.3　施工材料及其使用

外墙面砖是指用于建筑外墙的陶制建筑装饰砖,它以陶土为主要原料,采用半干法压制成型然后高温煅烧而成。由于外墙面砖处于室外复杂的使用环境,它的耐气候变化性能、抗冻性能都要比内墙面砖要求高,外墙面砖的厚度比内墙面砖的也更大一些。

3.2.3.1　外墙面砖的分类

外墙面砖从外观上分,有彩釉砖、无釉砖、金属釉面砖、仿石砖等;从颜色上分,有红色、褐色、黄色、白色等。

3.2.3.2　外墙面砖的特点和用途

与石材或涂料类外墙饰面相比,外墙面砖没有放射性物质和有害气体,更加绿色环保,而且价位适中;同时还具有坚固耐用、容易清洗、防火防水、耐腐蚀、维修方便等特点,在建筑装饰工程中得到广泛应用。

3.2.3.3　外墙面砖规格尺寸

根据国家标准《彩色釉面陶瓷墙地砖》(GB 11947—1989)的规定,按照产品表面质量及变形允许偏差,彩釉外墙面砖可分为优等品、一等品和合格品三个等级,主要规格尺寸如表 3.2、表 3.3 所示。

表 3.2　彩釉外墙面砖的主要规格尺寸(mm)

100×100	300×300	200×150	115×60
150×150	400×100	250×150	240×60
200×200	150×75	300×150	130×65
250×250	200×100	300×200	260×65

表 3.3　无釉外墙面砖的主要规格尺寸(mm)

50×50	150×150	200×50
100×50	150×75	200×200
100×100	152×152	300×200
108×108	200×100	300×300

3.2.4　施工工具及其使用

1. 手工工具

(1)开刀　镶贴饰面砖及锦砖拨缝用。

(2)木槌、橡胶锤、硬木拍板　镶贴饰面板敲击拍实用。

(3)铁铲　涂抹砂浆及嵌缝用。

(4)切砖刀(划针)　用于手工切割外墙面砖。

(5)合金錾、钢錾、小手锤　用于墙面局部剔凿平整。

(6)磨石　用于磨光饰面板。

(7)合金钻头　用于饰面板钻孔,常用的直径有 5mm、6mm、8mm 等几种。

2. 主要机具

(1)砂浆搅拌机　用于搅拌砂浆。

(2)云石机　用于切割陶瓷砖,也可以对陶瓷砖进行磨边处理。

(3)角向磨光机　对陶瓷砖进行磨边处理。

3.2.5　施工工艺流程及其操作要点

3.2.5.1　施工工艺流程

基层处理→抹底子灰→刷结合层→预排、弹线→选择、浸泡面砖→挂线→铺贴面砖→勾缝→清理表面。

3.2.5.2　施工操作要点

1. 基层处理

(1)基层为混凝土墙面时,表面比较光滑,应该对其进行"毛化"处理,用钢錾或扁錾凿坑,受凿面积应大于或等于70%(每平方米面积打200个点),打点凿毛深度为0.5~1.5mm。凿点后应清理凿点面,用钢丝刷轻刷一遍,并用清水冲洗干净,防止产生隔离层。

(2)基层为砖墙时,应用钢錾子剔除砖墙上多余灰浆,然后用钢丝刷清除浮土,并用清水将墙体充分润湿,使润湿深度为2~3mm。

(3)基层有油渍时,用钢丝刷蘸10%火碱水清刷表面,然后用清水冲净。

(4)不同材料的基层表面相接处,已先铺钉金属网。

(5)清洁基层加气混凝土表面后应刷108胶水溶液一遍,并满钉镀锌机织钢丝网(孔径为32mm×32mm,丝径为0.7mm),φ6扒钉,钉距纵、横不大于600mm,再抹1:1:4水泥混合砂浆粘结层及1:2.5水泥砂浆找平层。

2. 抹底子灰

在抹底子灰时应分层进行,每层的厚度不应大于7mm,以防止出现空鼓。第一层抹完后,要进行扫毛处理,待六七成干时再抹第二层,随即用木杠将表面刮平,并用木抹子进行搓毛,终凝后浇水养护。对于多雨、潮湿地区,找平层应选用防水、抗渗性水泥砂浆,以满足抗渗漏的要求。

3. 刷结合层

找平层经检验合格并养护后,宜在表面涂刷结合层,一般采用聚合物水泥砂浆或其他界面处理剂,这样有利于满足粘结强度的要求,提高外墙饰面砖的粘贴质量。

4. 预排、弹线

(1)预排

按照立面分格的设计要求进行预排,以确定面砖的皮数、块数和具体位置,作为弹线和细部做法的依据。当无设计要求时,预排要确定面砖在镶贴中的排列方法。外墙面砖镶贴排砖的方法较多,常用的矩形面砖排列方法有矩形长边水平排列和竖直排列两种。按砖缝的宽度又可分为密缝排列(缝的宽度为1~3mm)与疏缝排列(缝的宽度大于4mm,小于20mm)。此外,还可采用密缝与疏缝按水平、竖直方向排列。

在外墙面砖的预排中应遵循如下原则:阳角部位都应当是整砖且阳角处正立面整砖应盖住侧立面整砖。除柱面镶贴外,其余阳角不得对角粘贴。在预排中,对管线、灯具、卫生设备支承等部位,应用整砖套割吻合,不得用非整砖拼凑镶贴,以保证饰面美观。

预排外墙面砖还应当核实外墙的实际尺寸,以确定外墙找平层厚度,控制排砖模数(即确定竖向、水平、疏密缝宽度及排列方法)。此外,还应注意外墙面砖的横缝应与门窗贴脸和窗台相平;门、窗洞口阳角处应排横砖。窗间墙应尽量排成整砖,直缝排列有困难时,可考虑错缝排列,以求得墙砖对称装饰效果。如图 3.16 所示。

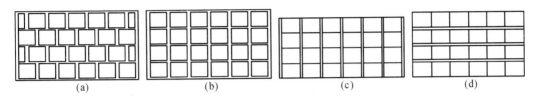

图 3.16　外墙面砖排缝示意图
(a)错缝;(b)通缝;(c)竖通缝;(d)横通缝

(2)弹线

弹线与做分格条应根据预排结果画出大样图,按照缝的宽窄(主要指水平缝)做出分格条,作为镶贴面砖的辅助基准线。弹线的步骤如下:

① 在外墙阳角处(大角)用大于 5kg 的线锤吊垂直并用经纬仪进行校核,最后用花篮螺栓将线锤上吊正的钢丝固定绷紧,上、下端作为垂线的基准线。

② 以阳角基线为准,每隔 1.5～2m 做标志块,定出阳角方正,抹灰找平。

③ 在找平层上,按照预排的大样图先弹出顶面水平线,在墙面的每一部分根据外墙水平方向面砖数约每隔 1m 弹一垂线。

④ 在层高范围内,按照预排面砖的实际尺寸和面砖对称效果,弹出水平分缝、分层皮数,作为水平粘贴面砖施工的依据。

5.选择面砖

镶贴前选择颜色、规格相同的面砖,然后浸泡 2h 以上备用。对于与整体颜色有色差但色差不大而规格有偏差的单块面砖,可以留在阴角处非整砖部位使用。

6.挂线

为了保持镶贴的平整度,镶贴面砖前要做标志块,横向每隔 1.5～2m 做一个,用拉线校正平整度,线要拉紧。

7.铺贴面砖

铺贴顺序自上而下分层分段进行,每一段内的镶贴顺序应是自下而上进行,且先铺贴墙柱面、后铺贴墙面、再铺贴窗间墙。铺贴的砂浆一般为水泥砂浆或掺入不大于水泥重量 15% 的石灰膏混合而成的聚合物水泥砂浆,砂浆的稠度要一致,不能过稀,避免砂浆抹到墙上后流淌。砂浆厚度一般为 6～10mm。贴完一行后,须将每块面砖上的灰刮净。如上口不在同一直线上,应在面砖的下口垫小木片,尽量使上口在同一直线上。接下来在上口放分格条,以控制水平缝大小与平直,又可防止面砖向下滑移,随后再进行第二行面砖的铺贴。

在施工过程中,随时检查面砖竖向缝隙的宽度和垂直度,使之与预排时一致,可以随干随用线锤检查。如竖缝是离缝(不是密缝),在粘贴时对挤入缝处的灰浆要随手清理干净。

门窗碹脸、窗口及腰线镶贴面砖时,要先将基体分层抹平,表面随手划纹;待七八成干时再洒水抹 2～3mm 厚水泥浆,随时镶贴面砖,为了使面砖镶贴牢固,应采用 T 形托板作临时支撑,在常温下隔夜后拆除。窗台及腰线上盖面砖镶贴时,要先在上面用稠度小的砂浆满刮一遍,抹平后,撒一层干水泥灰面(不要太厚),略停一会,待灰面基本润湿时就可以进行铺贴,并安装弹线找直压平。垛角部位在贴完面砖后,要用方尺找方。

如需镶嵌分格条,要先将分格条在水中浸泡,以防止在施工中和水泥砂浆接触而吸收其水分,进而影响水泥砂浆干后的强度。分格条被嵌入后一般隔天取出,也可以在施工 8h 后取出。

8.勾缝

在完成一个层段的墙面并检查合格后,就可以进行勾缝。外墙勾缝一般在 5mm 以上,先勾横缝后勾竖缝。勾缝用 1:1水泥砂浆(砂要过筛)或水泥浆分两次进行嵌实,第一次用一般水泥砂浆,第二次按设计要求用彩色水泥或普通水泥浆勾缝。勾缝可做成凹缝(尤其是离缝分格),深度为 3mm 左右。墙面密缝处用与面砖相同颜色的水泥接缝。勾缝应当连续、平直、光滑、无裂痕、无空鼓。

9.清理表面

完工后清洁饰面砖表面,清洁工作在勾缝材料硬化后进行。如有不易去掉的污染物,可以用 3%～5%的稀盐酸洗刷,再用清水冲净。

3.3 质量验收标准及通病防治

3.3.1 质量验收标准

1.主控项目

(1)饰面砖的品种、规格、颜色和性能应符合设计要求。

检验方法:观察;检查产品合格证书、进场验收记录、性能检测报告和复验报告。

(2)饰面砖粘贴工程的找平、防水、粘堵勾缝材料及施工方法应符合设计要求及国家现行产品标准和工程技术标准的规定。

检验方法:检查产品合格证书、复验报告和隐蔽工程验收记录。

(3)饰面砖粘贴必须牢固。

检验方法:检查样板件粘结强度检测报告和施工记录。

(4)满粘法施工的饰面砖工程应无空鼓、裂缝。

检验方法:观察;用小锤轻击检查。

2.一般项目

(1)饰面砖表面应平整、洁净,色泽一致,无裂痕和缺损。

检验方法:观察。

(2)阴、阳角处搭接方式、非整砖使用部位应符合设计要求。

检验方法:观察。

(3)墙面凸出物周围的饰面砖应整砖套割吻合,边缘应整齐。贴脸凸出墙面的厚度应一致。

检验方法:观察;尺量检查。

(4) 饰面砖接缝应平直、光滑。

检验方法:观察;尺量检查。填嵌应连续、密实;宽度和深度应符合设计要求。

(5) 有排水要求时做滴水线(槽)。滴水线(槽)应顺直,坡度应符合设计要求。

检验方法:观察;用水平尺检查。

(6) 外墙饰面砖粘贴的允许偏差和检验方法应符合表 3.4 的规定。

表 3.4 外墙饰面砖粘贴的允许偏差

检验项目	允许偏差(mm)	检验方法
表面垂直度	3	用 2m 垂直检测尺检查
表面平整度	4	用 2m 靠尺和塞尺检查
阴、阳角方正	3	用直角检测尺检查
接缝直线度	3	拉 5m 线,不足 5m 拉通线,用钢直尺检查
接缝高低差	1	用钢直尺和塞尺检查
接缝宽度	1	用钢直尺检查

3.3.2 施工质量通病及防治措施

(1) 外墙面砖出现雨水渗漏

产生原因:墙面线条过多,雨水自上而下流淌不畅;外墙砖的选用没有考虑吸水性;外墙找平层如一次成活,抹灰过厚,产生空鼓、开裂、砂眼等。

防治措施:外墙饰面砖工程应有专项设计,并要出节点大样图。对于墙面凹凸易存水的部位应采用防水和排水设计。精心施工结构层和找平层,保证其表面平整度和密实度。外墙镶贴瓷砖一般不采用密缝,接缝宽度不小于 5mm,缝的深度不大于 3mm。

(2) 空鼓、脱落和裂缝

产生原因:基层没清理干净;施工前墙面没有洒水湿透;面砖使用前没有用水浸泡或浸泡时间不足;面砖粘结砂浆过厚或过薄;粘结砂浆或水泥膏水灰比过大,水分过度蒸发而导致空鼓或脱落;使用了不合格的水泥(安定性不合格);冬期施工受冻;基层过于光滑。

防治措施:施工时,基层必须清理干净,表面修补平整,墙面洒水湿透。面砖使用前必须用水浸泡不少于 2h,取出晾干方可粘贴。面砖粘结砂浆过厚或过薄均易产生空鼓,厚度一般控制在 7~10mm。必要时可以加入适量 108 胶,增加砂浆粘结力。混凝土基层过于光滑抓不住灰,要进行凿毛或拉毛、甩毛的处理。

(3) 接缝不平直、缝隙不均匀

产生原因:没有做好预排、弹线分格;选砖时没有注意好规格;施工时没有进行水平、垂直校正。

防治措施:施工前做好预排、弹线,选砖时注意将同一规格的砖归类在一起,在施工中随干随用线锤校正面砖,做到"横平竖直"。

(4) 墙面色泽不均匀

　　产生原因:外墙面砖使用的是同色号但不同批次的砖;外墙砖密度过低;完工后的成品没有保护好。

　　防治措施:外墙面砖在进行施工时,应在同一立面墙体上使用同色号、同批次的产品,保证颜色一致,不出现色差;在选砖的时候选择密度大、吸水率低的面砖,施工前用清水充分浸泡;施工中不能向脚手架上倾倒污水。

3.4　成品保护和安全生产

3.4.1　成品保护

　　(1)拆除脚手架时,要注意不要磕碰墙面。

　　(2)门窗口处应有防护措施,铝合金门窗框塑料膜保护好。完工后,残留在门窗框上的水泥砂浆应及时清理干净。

　　(3)各抹灰层在凝固前应有防风、防暴晒、防水冲和防振动的措施,以保证各层粘结牢固及有足够的强度。

　　(4)防止水泥浆、涂料、颜料、油漆等液体污染饰面砖墙面,要教育施工人员注意不要在已做好的饰面砖墙面上乱写乱画或用脚蹬、手摸等,以免污染墙面。

3.4.2　安全生产

　　(1)脚手架上不得堆放重物;操作工具应防止跌落。

　　(2)外墙饰面砖施工前浸水,一定要用清水浸泡,防止面砖污染。

　　(3)夏季施工时应搭设通风凉棚防止暴晒及采取其他可靠的有效措施。

　　(4)冬季施工时砂浆使用温度不能低于5℃;当低于此温度时应采取防冻措施。可以在砂浆内适量掺入能降低冻结温度的外加剂,同时砂浆内的石灰膏和108胶不能使用,可采用同体积的粉煤灰代替或直接改用水泥砂浆抹灰,以防灰层早期受冻。

复习思考题

　　3.1　内墙镶贴瓷砖的工艺流程和操作要领是什么?

　　3.2　墙面镶贴石材板块质量要求有哪些?其通病如何防治?

　　3.3　不锈钢包柱的施工工艺及操作要点是什么?

　　3.4　龙骨镶板饰面施工质量通病有哪些?如何防治?

　　3.5　常见金属饰面板收口处理有哪些?

　　3.6　玻璃幕墙施工的工艺流程有哪些?

项目 4　楼、地面工程

教学目标

1. 了解楼、地面工程的分类,楼地面的功能、组成及基本施工方法;
2. 掌握陶瓷地砖的施工构造、施工工艺流程及操作要点;
3. 熟悉楼、地面工程的质量验收标准;
4. 掌握楼、地面工程常见的质量通病及防范措施。

4.1　楼、地面工程的分类及相关知识

楼、地面工程在装饰工程中是不可或缺的重要组成部分。作为建筑的地面工程,它的施工工艺、所用材料,不仅直接影响室内环境的美观,还会涉及人身安全,因此,对地面材料的选择和施工方法、质量标准都有着严格的要求。本节任务是能正确掌握楼、地面工程施工的分类,楼地面工程对功能要求及楼地面的组成。

4.1.1　楼地面的分类、各层名称及其定义

4.1.1.1　楼地面的分类

楼地面饰面的种类很多,可以从不同的角度来进行分类。从材料的角度,可以把楼地面饰面分为水泥地面、混凝土地面、木地面等类型;从楼地面饰面装饰效果的角度,可以划分为美术地面、席纹地面、拼花地面等;从施工工艺的角度,可分为现制水磨石楼地面、预制水磨石楼地面;按对楼地面饰面的使用要求的不同,还可分为耐腐蚀地面、防水地面等。

本项目对于楼地面的分类,主要采用《建筑工程施工质量验收统一标准》(GB 50300—2013)中的方法。把构造处理上具不同特征的楼地面归整为整体面层地面、板块面层地面、木竹面层地面、塑料面层地面、涂布面层地面五个大类,在每一个大类之中,再按照所采用材料的不同及施工做法的差异,划分为几个小类。

(1)整体面层地面　包括水泥地面、细石混凝土地面、现制水磨石楼地面。

(2)板块面层地面　包括玻化砖楼地面,瓷、缸砖楼地面,陶瓷锦砖楼地面,石板材楼地面,预制水磨石楼地面。

(3)木竹面层地面　包括木地板楼地面、竹地板楼地面、复合地板楼地面。

(4)塑料面层地面　包括硬质、半硬质塑料地板地面,软质塑料地板地面,地板革地面。

(5)涂布面层地面　包括地板漆类涂布地面、聚醋酸乙烯醇缩甲醛水泥地面。

4.1.1.2　楼地面中涉及的各层名称及其定义

楼地面一般是由承担荷载的结构层和满足使用要求的饰面层两个主要部分组成。随着人们对建筑物使用要求的不断提高,有的房间为了找坡、隔声、弹性、保温或敷设管线等功能上的

要求,在中间还要增加填充层。

楼地面中涉及的各层名称及其定义如下:

(1)面层:直接承受各种物理和化学作用的建筑地面表面层。

(2)结合层:面层与下一构造层相联结的中间层。

(3)基层:面层下的构造层,包括填充层、隔离层、找平层、垫层和基土等。

(4)填充层:在建筑物地面上起隔声、保温、找坡和暗敷等作用的构造层。

(5)隔离层:起到防止建筑物地面上各种液体或地下水、潮气渗透到地面等作用的构造层;当仅用于防止地下潮气透过地面时,称为防潮层。

(6)找平层:在垫层、楼板或填充层(轻质、松散材料)上起整平、找坡或加强作用的构造层。

(7)垫层:承受传递地面荷载于基土上的构造层。

(8)基土:底层地面的地基土层。

(9)结构层:又称承重层,由梁、板等承重构件组成。

(10)缩缝:防止水泥混凝土垫层在气温降低时产生不规则裂缝而设置的收缩缝。

(11)伸缝:防止水泥混凝土垫层在气温升高时,在缩缝边缘产生挤碎或起拱而设置的伸胀缝。

(12)纵向缩缝:平行于混凝土施工流水作业方向的缩缝。

(13)横向缩缝:垂直于混凝土施工流水作业方向的缩缝。

4.1.2　楼地面的功能要求

楼地面饰面的功能通常可以分为三方面,即保护楼板或地坪、保证使用条件、满足一定的装饰要求。

1. 保护楼板或地坪

建筑楼地面的饰面层在一般情况下是不承担保护地面主体材料这一功能的,但在类似加气混凝土楼板以及较为简单的首层地坪做法等情况下,因构成地面的主体材料的强度比较低,此时,就有必要依靠面层来解决诸如耐磨损、防磕碰以及防止水渗漏而引起楼板内钢筋锈蚀等问题。

2. 保证使用条件

(1)基本要求　具有必要的强度、耐磨损、耐磕碰和表面平整光洁、便于清扫等。对于楼面来说,还要有能够防止生活用水的渗漏的性能,而对于首层地坪而言,一定的防潮性能也是最基本的要求。当然,上述这些基本要求,因建筑的使用性质、部位的不同等会有很大的差异。此外,标准比较高的建筑,还必须考虑以下一些功能上的要求。

(2)隔声要求　包括隔绝空气声和隔绝撞击声两个方面。当楼地面的质量比较好时,空气声的隔绝效果较好,且有助于防止因发生共振现象而在低频时产生的吻合效应等。撞击声的隔绝,其途径主要有三个:一是采用浮筑或所谓夹心地面的做法,二是脱开面层的做法,三是采用弹性地面。前两种做法构造施工都比较复杂,而且效果也不如弹性地面。近年来由于弹性地面材料的发展,为撞击声的隔绝创造了条件,前两种途径也就较少采用了。

(3)吸声要求　这一要求对于在标准较高、使用人数较多的公共建筑中有效地控制室内噪声具有积极的功能意义。一般来说,表面致密光滑、刚性较大的地面做法,如大理石地面,对于声波的反射能力较强,基本上没有吸声能力。而各种软质地面做法却可以起比较大的吸声作用,如化纤地毯的平均吸声系数达到 55%。

（4）保温性能要求　这一要求涉及材料的热传导性能及人的心理感受两个方面。从材料特性的角度考虑,就是要注意人会以某种地面的导热性能的认识来评价整个建筑空间的保温特性这一问题。因此,对于地面做法的保温性能的要求,宜结合材料的导热性能、暖气负载与冷气负载相对份额的大小、人的感受以及人在这一空间的活动特性等因素来综合考虑。

（5）弹性要求　当一个不太大的力作用于一个刚性较大的物体,如混凝土楼板时,根据作用力与反作用力原理可知,此时楼板将作用于它上面的力全部反作用于施加这个力的物体之上。与此相反,如果是有一定弹性的物体,如橡胶板,则反作用力要小于原来所施加的力。因此,一些装饰标准较高的建筑的室内地面应尽可能采用具有一定弹性的材料作为地面的装饰面层。至于一般性的住宅及办公、教学等建筑,如因经济条件限制,不可能采用弹性地面时,也应尽可能采用具有一定弹性的材料来做地面,这样会使人感觉比较舒适。

3. 满足装饰方面的要求

地面的装饰是整个装饰工程的重要组成部分,要结合空间的形态、家具饰品等的布置、人的活动状况及心理感受、色彩环境、图案要求、质感效果和该建筑的使用性质等诸因素予以综合考虑,妥善处理好楼地面的装饰效果和功能要求之间的关系,地面因使用上的需要一般不做凹凸质感或线型,但铺陶瓷锦砖、水磨石、拼花木地板的地面或其他软地面,表面光滑平整且都有独特的质感,在装饰上起很大的作用。

4.1.3　楼地面的组成

4.1.3.1　楼面的组成

楼面是由面层、结构层和顶棚层三部分组成,如图 4.1 所示。

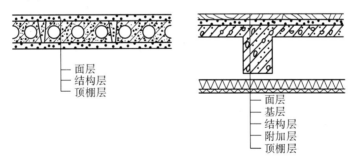

面层
结构层
顶棚层

面层
基层
结构层
附加层
顶棚层

图 4.1　楼面构造

1. 面层

楼面的面层厚度一般较薄,不能承受较大的荷载,必须做在坚固的楼板结构层上,使楼面荷载通过面层直接传递给楼面结构层。由于面层直接与人和家具、设备接触,必须坚固耐磨,具有必要的隔热、防水、隔声等性能及光滑平整。

2. 结构层

结构层承受本身的自重及楼面上部的荷载,并把这些荷载通过墙或柱传给基础,同时对墙身起着水平支撑作用,以加强建筑物的整体性和稳定性。因此要求结构层具有足够的强度和刚度,以确保安全和正常使用,一般采用钢筋混凝土为结构层的材料。

4.1.3.2　地面的组成

地面又称地层,由基层、垫层和面层三个基本构造层组成。当基本构造层不能满足使用和构造要求时,可增设其他附加构造层,如找平层、结合层、防水层、防潮层等,如图 4.2 所示。

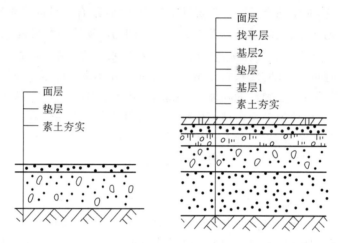

图 4.2　地面构造

1. 面层

面层是人在使用时直接接触的地面表(面)层。它的要求与楼板层的面层相同。

2. 垫层

垫层是位于基层与面层之间的结构层,它承受着面层传来的荷载,并将荷载均匀地传到基层上去。垫层要有足够的厚度并坚固耐久。

垫层分为刚性垫层和柔性垫层两种。刚性垫层有足够的整体刚度,受力后变形很小,常用等级较低的 C10 混凝土或是碎砖三合土做成,多用于整体面层和薄而脆的块材面层的地面中,如水磨石地面、锦砖地面、地砖地面等;柔性垫层整体刚度小,受力后易产生变形,常用砂、碎石、矿渣等做成,常用于面层材料厚度较大而且强度较高的地面中,如砖地面、预制混凝土板地面等。

3. 基层

基层是地面最下面的土层,即地基,它应具有一定的耐压力。对较好的土层或上部荷载较小时,一般采用素土或1～2步灰土夯实;当上层较弱时或上部荷载较大时,可对基层进行加固处理,即掺入碎砖、石子等骨料夯实而成。

4.1.4　楼地面基本施工方法

1. 整体面层地面

(1) 水泥砂浆地面

水泥砂浆地面是传统地面中的一种低档做法,目前室内装修工程中一般不作为最后面层使用,而大多数情况下是作为其他装饰材料的基层。但由于它具有造价低、使用耐久、施工简便等优点,应用尚属广泛,一般多因其操作不当会产生起砂、脱皮、起灰等现象,故当掌握了操作关键并获得经验以后,仍能得到投入少、使用方便、耐久的水泥砂浆地面。

水泥砂浆地面的面层有单层和双层两种做法。单层为 20mm 厚 1:2 水泥砂浆;双层为 12mm 厚 1:3 水泥砂浆及 13mm 厚 1:(1.5~2)水泥砂浆。如图 4.3 所示。

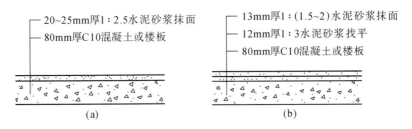

图 4.3　水泥砂浆地面面层
(a)单层;(b)双层

(2) 细石混凝土地面

细石混凝土地面是在结构层上浇捣 20~40mm 厚 C20 细石混凝土,施工时用木板拍浆或平板振捣器和铁辊压浆。为提高其表面耐磨性和光洁度,可撒 1:1 的水泥黄沙,随撒随抹光。

细石混凝土有两种常见做法:第一种在结构层上做一层 1:2.5 水泥砂浆找平层,在找平层上再做厚 30~35mm 细石混凝土;第二种做法是在现浇结构层上直接做 40~50mm 厚细石混凝土,即随铺随捣随抹做法。细石混凝土层次构造如图 4.4 所示。

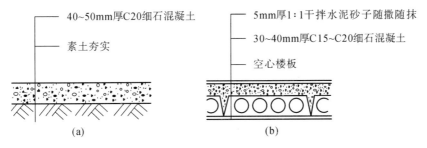

图 4.4　细石混凝土楼地面层次构造
(a)地面;(b)楼面

(3) 现浇水磨石地面

水磨石地面与普通水泥地面不同,它具有色彩丰富、图案组合多样的饰面效果。水磨石面层平整光洁、坚固耐用、整体性好、耐污染、耐腐蚀和易清洗。现浇水磨石地面按材料配制和表面打磨精度分为普通水磨石地面和高级美术水磨石地面。

在目前建筑市场中,由于中、高级技工缺乏,故水磨石面层施工普遍存在操作不当、打磨精度不高、表面反光率达不到设计要求的情况,加之该工艺的现场湿作业时间长、工序多等问题,限制了水磨石地面在较高级装修场所的应用。

现浇水磨石地面是在水泥砂浆找平层或混凝土垫层上进行施工的,一般是先按设计要求分格,然后浇捣水泥石子浆(按比例用水泥和八厘石拌制),硬化后再进行磨光、打蜡,即成现浇水磨石。现浇水磨石具有美观大方、平整光滑、坚固耐久、易于保洁、整体性好的优点,但存在现场施工周期长及程序复杂等缺点。

现浇水磨石地、楼面面层常见做法如图 4.5、图 4.6 所示。

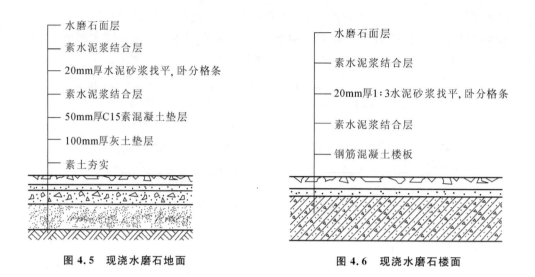

图 4.5　现浇水磨石地面　　　　　　图 4.6　现浇水磨石楼面

（4）菱苦土地面

菱苦土的显著特点是能与加入浆体中的竹、木质纤维类材料紧密结合，且长期不腐，另外，加色容易，可以得到美观而光洁的表面，加工性能优良。使用菱苦土材料做的地面更具有美观、易清洗、脚感舒适等优点。

菱苦土地面的做法是：将苛性菱镁矿（菱苦土）和锯末（或竹质纤维类材料）按一定比例搅拌混合后加入定量氯化镁溶液调制而成。然后摊铺在垫层上抹平，待硬化后磨光上蜡。菱苦土地面一般分单、双层做法。其地面构造如图 4.7 所示。

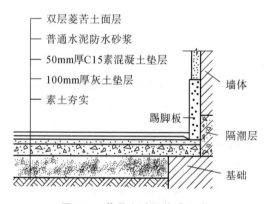

图 4.7　菱苦土地面构造层次

2.板块面层地面

（1）陶瓷地砖地面

这类地面具有面层薄、质量轻、造价低、美观耐磨、色彩多、耐污染、易清洗等优点。

陶瓷地砖地面施工是在结构层找平的基础上，再根据板块分块情况挂线，以此线作为铺砖的准线；铺砖操作时先将基层洒水润湿，然后刷素水泥浆一道，用 15～20mm 厚 1:(2～4)塑性或干硬性水泥砂浆铺平拍实，砖块间灰缝宽度约 3mm，用水泥擦缝。如图 4.8 所示。

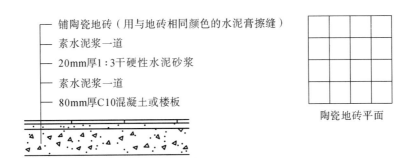

图 4.8 陶瓷地砖地面

(2)石板材地面

这类地面均属高级建筑装饰范围,材料价值昂贵,用大理石、花岗石装饰地面,庄重大方、高贵豪华,是高级装饰的常用方案。

石板材地面所用型材是从天然岩体中开采出来的石材,经切割加工成为板块状的装饰材料。天然石材的板块常用规格(长×宽×厚)有:500mm×500mm×20mm、600mm×600mm×20mm 等。

大理石和花岗石平板(也包括预制水磨石板)作楼面、地面的面层装饰时,其构造做法如图4.9、图 4.10 所示。其踢脚板的构造做法如图 4.11 所示。

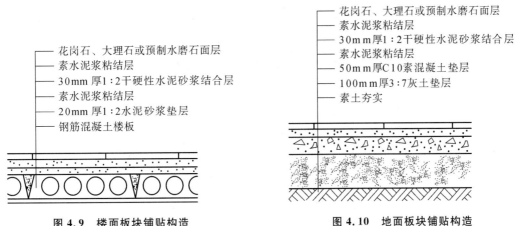

图 4.9 楼面板块铺贴构造   图 4.10 地面板块铺贴构造

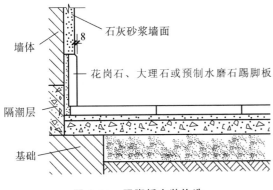

图 4.11 踢脚板安装构造   图 4.12 陶瓷锦砖地面构造

（3）陶瓷锦砖地面

陶瓷锦砖因其质地坚硬，色泽多样且又有耐磨、耐火、耐酸碱、防水、易清洗等优点，故多用于工业和民用建筑的洁净车间、走廊、餐厅、厨房、厕所、浴室和游泳池等地面工程。

陶瓷锦砖地面施工是在结构层找平的基础上，洒水润湿，刷素水泥浆一道，用 $15\sim20$ mm 厚 1:$(2\sim4)$ 塑性水泥砂浆铺平拍实，用水泥擦缝，如图 4.12 所示；陶瓷锦砖地面的平面图案较多，形状有正方形、多边形及斜长条等，如图 4.13 所示。

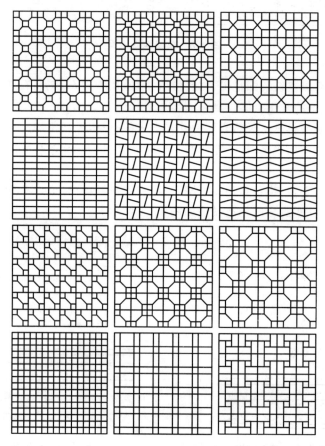

图 4.13　陶瓷锦砖平面图案形状

3.木竹面层地面

（1）架空式木地板地面

这种木地板是传统上经常采用的空铺木地板的构造形式，其突出优点是使木地板富有弹性、脚感舒适、隔声和防潮，地板面距建筑地面高度是通过地垄墙、砖墩或钢木支架的支撑来实现的，如图 4.14 所示。

（2）实铺式木地板地面

此种木地板是在结构基层找平的基础上固定木搁栅，然后将木地板铺钉在木搁栅上，如图 4.15 所示。实铺木地板可以单层铺钉或双层铺钉。由于这种做法具有架空式木地板的大部分优点，所以实际工程中应用较多。

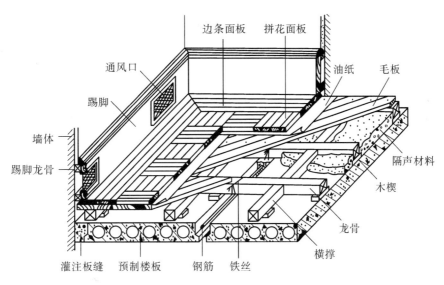

图 4.14　架空式双层木地板楼面构造

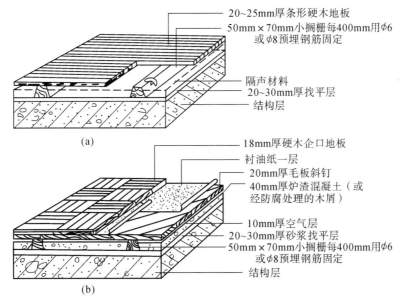

图 4.15　实铺式木地板地面构造

(a)单层;(b)双层

(3) 强化复合地板地面

强化复合地板是以中密度纤维板为基材和用特种耐磨塑料贴面板为面材的新型地面装饰材料,又称层压木地板。这种地板是长条形,安装很方便,可直接在普通水泥地面或其他地面上安装,与地面不需胶接,通过板材本身槽榫间的搭接,直接浮铺在地面上。

安装强化复合木地板时,不用地板粘结剂,不用木垫栅,不用铁钉固定,不用刨平,只需地面平整。首先铺好薄型泡沫塑料底垫,将带企口的复合木地板相互对准,四边用嵌条镶拼压扎紧就不会松动脱开,即完成施工。复合地板构造如图 4.16 所示。

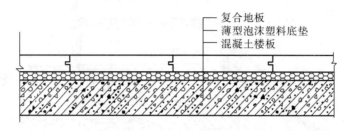

图 4.16　复合地板构造

（4）活动夹层地面

活动夹层地面亦称装配式地板,是由活动地板块配以横梁、橡胶垫条和可供调节高度的金属支架等组成。其中活动地板块是以特制的平压刨花板为基材,表面饰以柔软高压三聚氰胺等装饰板,底层用镀锌钢板经胶粘剂胶合而成,有抗静电面板和不抗静电面板两种。

活动地板具有质量轻、强度大、表面平整、尺寸稳定、面层质感良好、装饰效果佳等特点。此外,还有防火、防虫鼠侵害、耐腐蚀等性能。

活动地板与基层地面或楼面之间所形成的架空空间不仅可以满足敷设纵横交错的电缆和各种管线的需要,而且通过设计,在架空地板的适当部位设置通风口还可以满足静压送风等空调方面的要求。如图 4.17 所示。

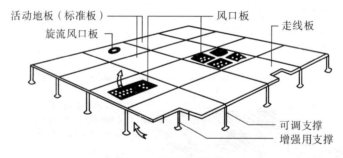

图 4.17　活动夹层地面

4. 塑料面层地面

塑料地板是当前流行的地面装饰材料,它有独特的装饰效果,具有不易沾尘、噪声小、脚感舒适、耐磨、绝缘性好、防滑、耐化学腐饰等特点,还可拼成各种图案,避免了水泥基面地板的冷、硬、潮、脏等缺陷。

塑料地板面层构造的特点是基层构造均相同,只是面层材料及其相适用的胶粘剂不同,如图 4.18 所示。

（1）PVC 块材地板地面

PVC 单色块材地板是以 PVC 为主要材料,掺增塑剂、稳定剂、填充料等经压延法、热压法或挤出法制成的硬质或半硬质塑料地板。其中常用的填充料为碳酸钙、硅灰石,近年来国内也有厂家用石膏为填料生产此类地板。

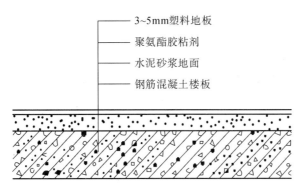

图 4.18　塑料地板面层构造

（2）印花 PVC 块材地面

印花 PVC 块材地板是表面印刷有彩色图案的 PVC 地板，其结构如图 4.19 所示。

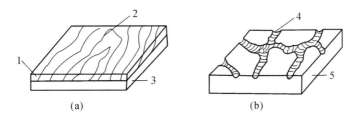

（a）　　　　　　　　　　　　　　（b）

图 4.19　印花 PVC 块材地板结构

（a）印花贴膜型；（b）印花压花型

1—透明 PVC 面层；2—印刷油墨层；3—PVC 底层；4—油墨压花；5—PVC 基材

① 印花贴膜型

该种印花块材地板由面层、印刷油墨层和底层构成。底层为加有填料的 PVC 或回收再生塑料制成，可为单层或二、三层贴合而成，主要增强地板的刚性、强度等机械性能。面层为透明的 PVC，厚度为 0.2mm 左右，主要作用是增加表面的耐磨度并显示和保护印刷油墨层的印刷图案，如表面压纹还可起消光和形成某种质感的作用。印刷油墨层为压延法生产的 PVC 薄膜上印刷图案制成，也可采用市场商品供应的专用印花薄膜。各层之间采用热压机或热辊机热合复贴成整体。

该种地板装饰效果好，有木纹、石纹和几何造型多种花色图案；有半硬质、软质等多种硬度可供选择；耐刻划性和耐磨性比单色地板好；由于为多层结构，各层胀缩性能不同，可能产生翘曲；表面透明 PVC 层易被烟头烧烫产生焦斑；面层含增塑剂较多，易沾灰留下脚印，耐玷污性不如单色地板。

② 印花压花型

该种地板表面没有透明的 PVC 膜层，印刷图案是采用凸出较高的印刷辊印花的同时压出立体花纹。由于油墨图案是随压花印在凹型纹底部，所以又称沟底压花，图案常为线条、粗点状、仿水磨石、天然石材等较粗线条图案的结构，即使没有面层，油墨印刷图案也不易磨损。

印花贴膜型块材地板适用于图书馆、学校、医院、剧院等烟头危害较轻的公共建筑，也适用于民用住宅。印花压花型块材地板性能及适用范围同单色块材地板。对印花 PVC 块材地板目前还没有制定统一的国家标准，各生产厂家自行制定企业标准，其主要物理性能与半硬质

PVC 块材地板的国家标准相似。

（3）PVC 卷材地板

PVC 卷材地板亦称地板革,属于软质塑料卷材地板。

PVC 卷材地板按其结构和性能分为均质软性卷材地板、印花不发泡卷材地板和印花发泡卷材地板。

① 均质软性卷材地板

该种卷材地板如采用挤出法生产可一次得到单层均质结构的卷材,但如采用压延法生产,由于一次成型 1mm 以上的片材较困难,故可采用 3～4 层厚 0.5mm 左右的片材贴合,形成多层结构的卷材。但无论是单层还是多层结构,整片材料仍是均质的。该种卷材地板一般为单色,也可拉有花纹。

均质软性 PVC 卷材地板由于是均质结构且填料含量较少,所以材质较软,有一定弹性,脚感舒适。虽耐烟头烫性不如半硬质块材地板,但轻度烧伤时可用砂纸擦除,且翘曲性较小,耐刻划性、耐玷污性、耐磨性都较好,适用于公共建筑场合,特别是车、船等交通工具的地面铺设,在国外应用较为普遍。该卷材地板宽度为 1200～2100mm,厚度为 1.5～3.0mm。

② 印花不发泡卷材地板

该种卷材地板为三层结构,即透明 PVC 面层、印刷层和厚度为 0.6～0.8mm 的基层。面层有一定的光泽,为降低表面的反光,通常压有橘皮纹或圆点纹。印刷图案有仿瓷砖、仿大理石、仿拼花木地板等。

印花不发泡卷材地板属低档地面卷材,价格较便宜,适用于办公室、会议室和一般民用住宅的地面装饰。

③ 印花发泡卷材地板

该种卷材地板为有底层的多层复合塑料地板,通常为四层结构,即底层、发泡 PVC 层、印刷层和透明 PVC 面层,如图 4.20（a）所示。

底层主要作用是增强和提供一定的刚性,同时在生产时作为载体,在粘贴施工时有利于与基层的结合。底层可用涤纶无纺布、玻璃纤维毡、玻璃纤维布等制作。对于厚型地面卷材地板,底层可夹在两层发泡层之间,如图 4.20（b）、(c)所示。

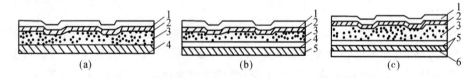

（a）　　　　　　　　　　　（b）　　　　　　　　　　　（c）

图 4.20　印花发泡卷材地板结构

1—PVC 透明面层;2—印刷油墨;3—发泡 PVC 层;

4—底层;5—PVC 打底层;6—玻璃纤维毡

发泡 PVC 层的主要作用是赋予卷材地板弹性、吸声性,同时兼作印刷时的基层。

印刷层是印在发泡 PVC 层上,采用的印刷方法是化学压花法,即在图案的某些部分采用掺有发泡抑制剂(如反丁烯二酸、苯并三氮唑等)的油墨,使发泡层的发泡受到抑制,从而形成凹下的花纹,类似于机械压花,但不会出现压花与图案错位的现象。

PVC 面层主要起保护印刷图案的作用,同时是表面的磨耗层,有优良的耐磨性,通常采用较高分子量的 PVC。

该种卷材地板是目前应用最为广泛的一种中档地面卷材,其弹性好、脚感舒适、噪声小、耐磨性优良、图案花色多、富有立体感。但表面耐烟头烫性差,同时由于是多层结构,使用中可能发生翘曲。

5.涂布面层地面

（1）地板漆类涂布地面

地板漆类涂料系指地面涂料,是以高分子合成树脂等材料为基料,加上颜料、填料、溶剂等物质组成的一种新型的地面涂饰材料。它能改善传统水泥地面的外观与性能,在工业与民用建筑中得到广泛的应用。

地面涂料一般是直接涂覆在水泥砂浆面层上。涂布地面构造如图 4.21 所示。

（2）108 胶彩色水泥地面

108 胶彩色水泥地面是以水溶性聚乙烯醇缩甲醛胶为基料,与普通硅酸盐水泥或白色硅酸盐水泥和一定量的氧化铁系颜料配制成的一种可分层涂覆的涂料,用刮涂方法涂布于水泥地面上,结硬后形成涂层。涂层与水泥基层结合较牢,能在尚未干透的地面上施工;涂层干燥快,施工方便,不起砂,造价较低,美观耐磨。适用于住宅、公共建筑、净化要求较高的车间、一般实验室等地面工程和旧水泥地面的维修。

108 胶水泥地面也是直接涂覆在水泥砂浆地面面层上,该种地面构造层次如图 4.22 所示。

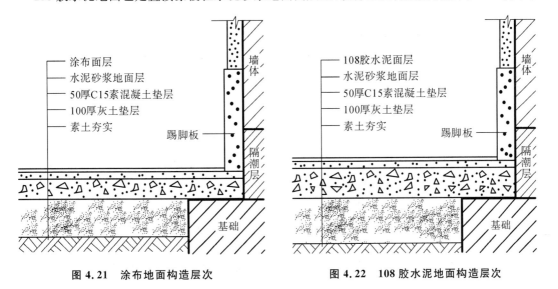

图 4.21　涂布地面构造层次　　　　　　图 4.22　108 胶水泥地面构造层次

4.2　陶瓷地砖地面工程施工

4.2.1　施工结构图示及施工说明

陶瓷地砖地面是在结构层找平的基础上,洒水润湿,刷素水泥浆一道,用 15～20mm 厚1:(2～4)塑性或干硬性水泥砂浆铺平拍实,砖块间灰缝宽度约 3mm,用水泥擦缝,如图 4.23 所示。

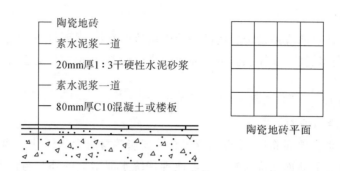

图 4.23　陶瓷地砖地面

4.2.2　施工条件

（1）进场复试和相关试验已经完毕并符合要求。

（2）已对所覆盖的隐蔽工程进行验收且合格，并进行隐检会签。

（3）施工前应做好水平标志，以控制铺设的高度和厚度，可采用竖尺、拉线、弹线等方法。

（4）对所有作业人员已进行了技术交底，特殊工种必须持证上岗。

（5）作业时的环境如天气、温度、湿度等状况应满足施工质量可达到标准的要求。

（6）竖向穿过地面的立管已安装完，并装有套管。如有防水层，管根应做防水处理。

（7）门框已安装到位，并通过验收，并用木板或铁皮作保护；

（8）基层洁净，缺陷已处理完，已做隐蔽验收。

（9）如艺术图案较复杂时，应绘制好拼花大样图，并按图分类、选配面料。

4.2.3　施工材料及其要求

1. 陶瓷地砖

陶瓷地砖大部分属于粗炻类建筑陶瓷制品，多采用陶土质黏土为原料，经压制成型，在1100℃左右焙烧而成，坯体带色。根据表面施釉与否分为彩色釉面陶瓷地砖和无釉陶瓷地砖。

地砖的品种更新很快，劈离砖、麻面砖、渗花砖、玻化砖等都是近年来市场上常见的陶瓷地砖的新品种。因为此类砖品种、规格繁多，一般称为地板砖，简称地砖。

我国对墙地砖的生产有着明确的产品要求，现以陶瓷墙地砖为例说明其品种、规格及相应的质量标准：

陶瓷墙地砖具有强度高、致密坚实、耐磨、吸水率小、抗冻、耐污染、易清洗、耐腐蚀、经久耐用等特点。

（1）彩色釉面陶瓷墙地砖

彩色釉面陶瓷墙地砖是指适用于建筑物墙面、地面装饰用的彩色釉面陶瓷面砖，简称彩釉砖。

① 等级和规格尺寸

彩釉砖按表面和最大允许变形分为优等品、一等品和合格品三个等级。

彩釉砖的主要规格尺寸见表4.1。平面形状分正方形和长方形两种，其中长宽比大于3的通常称为条砖。彩釉砖的厚度一般为8～12mm。非定型和异型产品的规格由供、需双方商定。目前市场上非定型产品中幅面最大可达 800mm×800mm。

表 4.1 彩色釉面陶瓷墙地砖的主要规格(GB 11947—1989)   单位:mm

100×100	150×150	200×200	250×250	300×300	400×400
150×75	200×100	200×150	250×150	300×150	300×200
115×60	240×65	130×65	260×65	其他规格和异型产品由供、需双方自定	

② 技术要求

a. 尺寸允许偏差

彩釉砖的尺寸允许偏差应符合表 4.2 的规定,用最小读数为 0.5mm 的钢板尺检测。

表 4.2 彩色釉面陶瓷墙地砖的尺寸允许偏差(GB 11947—1989)   单位:mm

基 本 尺 寸		允许偏差
边 长	<150	±1.5
	150~200	±2.0
	>250	±2.5
厚 度	<12	±1.0

b. 表面与结构质量要求

彩釉砖表面质量(表面缺陷和色差)与结构质量(变形、分层、背纹)要求应符合表 4.3 的规定。各项检测方法与釉面砖相同,所需试样数为单块面积大于 400cm² 的砖至少 25 块。

表 4.3 彩色釉面陶瓷墙地砖的表面与结构质量要求(GB 11947—1989)   单位:mm

项 目		优等品	一等品	合格品
表面缺陷	缺釉、斑点、裂纹、落脏、棕眼、熔洞、釉缕、釉泡、烟熏、开裂、磕碰、波纹、剥边、坯粉	距离砖面 1m 处目测,有可见缺陷的砖数不超过 5%	距离砖面 2m 处目测,有可见缺陷砖数不超过 5%	距离砖面 3m 处目测,缺陷不明显
色 差		距离砖面 3m 处目测不明显		
变形(%)	中心弯曲度	±0.50	±0.60	±0.80 -0.60
	翘曲度	±0.50	±0.60	±0.70
	边直度	±0.50	±0.60	±0.70
	直角度	±0.60	±0.70	±0.80
分层(坯体里有夹层或有上下分离现象)		均不得有结构分层缺陷存在		
背 纹		凹背纹的深度和凸背纹的高度均不小于 0.5mm		

c. 物理力学与化学性能

彩色釉面陶瓷墙地砖的吸水率应不大于 10%。耐急冷急热应满足经 3 次急冷急热循环不出现破裂或裂纹。抗冻性能应达到经 20 次冻融循环不出现破裂、剥落或裂纹。抗弯强度不低于 24.5MPa。铺地用的彩釉砖应进行耐磨性试验,根据釉面出现磨损痕迹时研磨转数将砖分为四类:Ⅰ类(<150 转),Ⅱ类(300~600 转),Ⅲ类(750~1500 转),Ⅳ类(>1500 转)。耐化学腐蚀性能应根据面砖的耐酸碱腐蚀性能各分为 AA、A、B、C、D 五个等级(从 AA 到 D,耐酸碱腐蚀能力顺次变差),它是根据面砖的釉面在酸、碱溶液作用下受到腐蚀后的铅笔划痕耐擦程度和光反射图像的清晰度来确定的。

③ 彩色釉面陶瓷墙地砖的应用

彩色釉面陶瓷墙地砖的表面有平面和立体浮雕面的;有镜面和防滑亚光面的;有纹点和仿大理石、花岗岩图案的;有使用各种装饰釉作釉面的,色彩瑰丽,丰富多变,具有极强的装饰性和耐久性。彩釉砖广泛应用于各类建筑物的外墙和柱的饰面和地面装饰,一般用于装饰等级要求较高的工程。用于不同部位的墙地砖应考虑其特殊的要求,如用于铺地时应考虑彩色釉面墙地砖的耐磨类别;用于寒冷地区时应选用吸水率尽可能小,抗冻性能好的墙地砖。

(2)无釉陶瓷地砖

无釉陶瓷地砖简称无釉砖,是专用于铺地的耐磨炻质无釉面砖,系采用难熔黏土经半干压法成型再经焙烧而成。由于烧制的黏土中含有杂质或人为掺入着色剂,可呈红、绿、蓝、黄等各种颜色。无釉陶瓷地砖在早期只有红色一种,俗称缸砖,形状有正方形和六角形两种。现在发展的品种多种多样,基本分成无光和抛光两种。无釉陶瓷地砖具有质坚、耐磨、硬度大、强度高、耐冲击、耐久、吸水率小等特点。

① 等级和规格尺寸

无釉陶瓷地砖按产品的表面质量和变形偏差分为优等品、一等品和合格品三个等级。产品的规格尺寸见表 4.4。除表中所列正方形、长方形规格外,无釉砖通常还采用六角形、八角形及叶片状等异型产品。

表 4.4　无釉陶瓷地砖的主要规格(JC 501—1993)　　　　　　　　单位:mm

50×50	100×100	150×150	152×152	200×50	300×200
100×50	108×108	150×75	200×100	200×200	300×300

② 技术要求

a. 尺寸允许偏差

无釉陶瓷地砖尺寸允许偏差应符合表 4.5 的规定。

表 4.5　无釉陶瓷地砖的尺寸允许偏差(JC 501—1993)　　　　　单位:mm

基本尺寸		允许偏差
边长 L	L>100	±1.5
	100≤L<200	±2.0
	200<L≤300	±2.5
	L>300	±3.0
厚度 H	H≤10	±1.0
	H>10	±1.5

b. 表面与结构质量要求

无釉陶瓷地砖表面和结构质量要求见表 4.6。变形应按《无釉陶瓷地砖》(JC 501—1993)的规定方法检验,以最大变形确定。

表 4.6　无釉陶瓷地砖的表面与结构质量要求　　　　　　　　单位:mm

缺陷名称		优等品	一等品	合格品
斑点、起泡、熔洞、磕碰、坯粉、麻面、疵火、图案模糊		距离砖面 1m 处目测,缺陷不明显	距离砖面 2m 处目测,缺陷不明显	距离砖面 3m 处目测,缺陷不明显
裂　　纹		不允许		总长度不超过对应边长的 6%
开　　裂				正面不大于 5mm
色　　差		距离砖面 1.5m 处目测不明显		距离砖面 1.5m 处目测不严重
变形 (%)	平整度	±0.5	±0.6	±0.8
	边直度	±0.5	±0.6	±0.8
	直角度	±0.6	±0.7	±0.8
背　　纹		凸背纹的高度和凹背纹的深度均不得小于 0.5mm		
夹　　层		均不允许		

c. 物理力学性能

无釉陶瓷地砖的吸水率为 3%～6%。耐急冷急热性要求是经 3 次急冷急热循环,不出现炸裂或裂纹。抗冻性能应满足经 20 次冻融循环不出现破裂或裂纹的要求。抗弯强度不小于 25MPa。耐磨性指标为磨损量,如某种无釉陶瓷地砖的体积磨损量规定为平均不大于 345mm³,试验按《无釉陶瓷地砖》(JC 501—1993)的规定方法进行。

③ 无釉陶瓷地砖的应用

无釉陶瓷地砖颜色以素色和色斑点为主,表面为平面、浮雕面和防滑面等多种形式,适用于商场、宾馆、饭店、游乐场、会议厅、展览馆的室内外地面。特别是近年来小规格的无釉陶瓷地砖常用于公共建筑的大厅和室外广场的地面铺贴,经不同颜色和图案的组合,形成质朴、大方、高雅的风格,同时兼有分区、引导、指向的作用。各种防滑无釉陶瓷地砖也广泛用于民用住宅的室外平台、浴厕等的地面装饰。

2. 水泥

选用强度等级为 32.5 级、42.5 级普通硅酸盐水泥或矿渣硅酸盐水泥铺砌面层瓷砖,用白水泥勾缝。

3. 砂

水泥砂浆用中砂、粗砂;嵌缝用细砂。

4.2.4　施工工具及其使用

常用机具设备有云石机、手推车、计量器、筛子、木耙、铁锹、大桶、小桶、钢尺、水平尺、小线、橡皮锤、木抹子、铁抹子等。

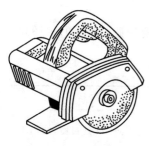

图 4.24　云石机

云石机是切割石材的机具,施工中也多用于陶瓷类地砖的切割操作。它以体积小、质量轻、携带方便、可以随时随地对材料进行裁切等优点,在装饰工程中应用十分广泛。如图 4.24 所示。

云石机的操作使用要点如下:

(1) 进行工作前的检查:检查电源、开关、切割片等是否正常,确认无误后方可开机。

(2) 根据所切割工件的厚度调节平台板:在确定切割深度后,拧松深度尺的锁杆,上下移动平台板,调到所需要的切割深度,再拧紧锁杆,固定平台板。

(3) 切割操作:将机具的平台板放在要切割的工件上面,瞄平台板前部的槽口与加工件上的切割线对齐。但不要使切割片接触工件,然后启动切割机,等其达到最高转速方可使切割片靠近工件开始切割。切割时一定要匀速缓慢地向前推移机具,保持水平和垂直,直到切割完毕。

(4) 采用湿式片:用湿片切割时,将尼龙管接在水管上,然后将尼龙管上的连接器接到水龙头上,调节旋塞水阀的给水量。

(5) 停机:切割停止后要待切割片完全停止转动后方可放下机具,否则容易损坏切割片及惯性抛机伤人毁物。

(6) 换切割片:云石机切割片磨损过大时应拆除并换装上新片。

4.2.5　施工工艺流程及其操作要点

1. 施工工艺流程

基层清理 → 标筋 → 刷水泥素浆 → 铺抹找平(或结合)层砂浆 → 弹线(或根线) → 铺地板砖 → 压平拨缝 → 嵌缝 → 养护

2. 操作要点

(1) 基层清理

基层表面的砂浆、油污和垃圾应清除干净,用水冲洗、晾干。如为光滑的混凝土楼面,应凿毛。对于楼地面的基体表面,应提前一天浇水。

(2) 标筋

根据墙水平基准线弹出地面标高线,然后在房间四周做灰饼,灰饼表面应比地面标高线低一块面砖的厚度,再按灰饼标筋。有地漏和排水孔的部位,应从四周向地漏或排水孔方向做放射状标筋,坡度 0.5%～1%。

(3) 刷水泥素浆,铺抹找平(结合)层砂浆

铺砂浆前,基层应浇水润湿,刷一道水灰比为 0.4～0.5 的水泥素浆,随刷随铺 1:3(体积比)干硬性水泥砂浆,砂浆稠度必须控制在 3.5cm 以内。根据标筋的标高,用木抹子拍实至出浆,短刮尺刮平,再用长刮尺通刮一遍,然后检测平整度应不大于 4mm。拉线测定标高和泛水,符合要求后,用木抹子搓成毛面。踢脚线应抹好底层水泥砂浆。

(4) 弹线

根据设计要求确定地面标高线和平面位置线,可用尼龙线或棉线绳在墙面标高点上拉出

地面标高线以及垂直交叉的定位线。

（5）铺地（板）砖

铺贴前将选配好的地（板）砖（陶瓷锦砖除外）清洗干净后，放入清水中浸泡 2～3h，然后取出晾干备用。铺贴一般均由门口处开始，沿进深方向先铺一行，再往两边铺。

大面积铺贴前，先在墙角或墙边用方尺找好规矩，按位置线在铺砖的位置上先抹好粘结砂浆，然后在粘结砂浆上铺贴好挂线砖（注意找准标高线），依次在尽端及适当位置同样铺贴好挂线砖，稍后挂上准线。注意不要太紧或太松，拉好控制线是为了保证地（板）砖面层整体平整。

铺贴地（板）砖常用的三种操作方法如下所示：

① 面积较小的地（板）砖，如缸砖、劈离砖等，铺贴材料用水泥素灰或水泥∶细砂＝1∶（1～1.5）的水泥砂浆；操作时将砂浆摊抹在砖背面上，将此面向地面铺贴，与准线对正后用木槌敲实；铺贴一行后再用抹子将砖边挤出的灰（砂）浆切开，刮去。

② 小块料地（板）砖，如单块面积在 450mm×450mm 以下的陶瓷地砖，铺贴材料用塑性砂浆；操作时按定位线的位置铺砂浆，砂浆的铺设厚度稍微高一些（具体高度视结合层薄厚而定）；按铺设厚度抹平砂浆后，顺手用抹子将"非自由边"（即结合层砂浆与已铺地砖的连接边）抹成"八"字（斜坡），然后放上地砖，与准线对正后用木槌敲实；同样，铺贴一行砖后用抹子将砖边挤出的砂浆切开、刮去。铺砖操作如图 4.25 所示。

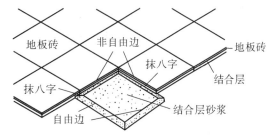

图 4.25　铺砖操作示意图

③ 大块料地（板）砖，即单块面积在 450mm×450mm 以上的陶瓷类地（板）砖，铺贴材料用干硬性水泥砂浆或水泥浆。大块料地（板）砖铺贴操作要复杂一些，其操作步骤如下：

第一步，按定位线的位置刷一道水泥浆，接着铺上干硬性水泥砂浆，砂浆的铺设厚度需稍微高一些（具体高度视结合层薄厚而定），砂浆的表面用刮尺基本刮平。

第二步，放上地板砖与准线对正，并用橡皮锤敲击砖面，以此方法将干硬性水泥砂浆压实，并使砖面与地面标高线吻合。如图 4.26 所示。

图 4.26

第三步,橡皮锤敲击砖面后,将地板砖掀起,检查干硬性水泥砂浆的虚实情况,对不实之处再酌情蓄上一层砂浆,放上地(板)砖再一次用橡皮锤敲击砖面;重复此方法至干硬性水泥砂浆压实。如图 4.27 所示。

图 4.27

第四步,最后一次将地(板)砖掀起,在砸实的结合层砂浆上刷一道水泥浆,摆正地(板)砖后用橡皮锤将砖面砸实。铺贴一行砖后,将"自由边"(已铺地砖的结合层砂浆挤出之处)砂浆切开、刮去。如图 4.28 所示。

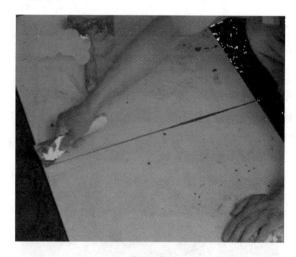

图 4.28

铺贴 4~8 块砖以上时(视大小块而定),应及时用水平尺检查平整度,对高的部分用橡皮锤敲平,低的部分应起出砖后用水泥浆垫高。

陶瓷地砖的铺贴程序,对于小房间来说(面积小于 $40m^2$),通常是做 T 字形标准高度面。对于房间面积较大时,通常在房间中心做出十字形标准高度面,这样可便于多人同时施工,如图 4.29 所示。

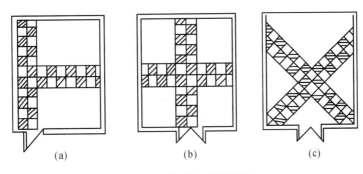

图 4.29　标准高度面做法

(a)面积较小的房间做 T 字形;(b)、(c)大面积房间做法

(6)压平拨缝

① 每铺完一个房间或一个段落,用喷壶略洒水,15min 左右后用木槌和硬木拍板按铺砖顺序锤铺一遍,不遗漏。边压实边用水平尺找平。

② 压实后,拉通线先竖缝后横缝进行拨缝调整,使缝口平直、贯通。调缝后,再用木槌砸平。破损面砖应更换,随即将缝内余浆或砖面上的灰浆擦去。

③ 从铺砂浆到压平拨缝应连续作业,常温下必须在 5～6h 内完成。

(7)嵌缝

水泥浆结合层终凝后,用白水泥浆或普通水泥浆擦缝,用棉丝蘸浆从里到外顺缝揉擦,擦实为止。

(8)养护

地面铺贴 24h 后,应铺锯木屑等养护,4～5d 后方准上人。

3. 地(板)砖铺贴操作注意事项

(1)铺贴地(板)砖时要恰当确定结合层厚度

就一般情况而言,地(板)砖块面积越小则结合层应越薄;反之,砖块面积越大则结合层应越厚。这样既可使面积较小的地(板)砖能满足地面平整度的要求,同时也可使大块料地(板)砖的铺贴达到受力均匀的效果。

(2)铺贴小块料地(板)砖时八字边(斜坡)的抹成

用抹子将结合层"非自由边"抹成的八字边坡,大小应在最初几块砖的铺贴中通过体会找到感觉,并获得较准确的手感,这是铺贴地板砖操作的关键。因为边坡过小,放上地砖后用木槌敲击砖面的操作会因砂浆挤不出来而导致地砖不能对正;边坡过大则容易对正地砖,但结合层砂浆又不能砸实。所以,八字边的抹成标准是砸实结合层的同时地砖又能准确对正。

(3)小块料地(板)砖也可使用干硬性水泥砂浆铺贴

干硬性水泥砂浆铺贴地(板)砖操作,其中的水泥浆层起着粘结的作用。第一道水泥浆层是使结合层与基层粘结,第二道是使结合层与地砖粘结,因此刷水泥浆时应涂满。

(4)使用砂浆时应掌握好稠度、和易性及配合比

各种砂浆要求的稠度均可用沉入度表示,但在施工现场不可能随时测量砂浆的沉入度,所以砂浆稠度还是通过目测和使用感来把握。

铺贴较小地(板)砖用的砂浆以敲击砖面有一定力度为准,且每块砖铺贴时的敲击力度感

相差不大,以达到相同为最佳。

铺贴小块料地(板)砖用的砂浆稠度不易控制,多有偏稀情况。检查时可用掀面砖观察的方法,即铺贴操作后随即掀起面砖观察结合层砂浆,如果泛浆面气泡痕迹较多则为不合格;反之,泛浆面气泡痕迹较少为合格。

铺贴大块料地(板)砖用干硬性水泥砂浆,此种砂浆拌制的关键是配合比准确及拌和均匀。因此,如果是机械搅拌,则应采用强制式砂浆搅拌机;如果是人工搅拌,应采用先干拌水泥、砂子,使其混合均匀后再逐步加水而成的方法。砂浆检查采用掀面砖观察的方法,即结合层砂浆没有明显孔洞和砂浆疙瘩为合格。

4.3 质量验收标准及通病防治

4.3.1 质量验收标准

4.3.1.1 板块面层质量标准

(1)砖面层采用陶瓷锦砖、缸砖、陶瓷地砖和水泥花砖的,应在结合层上铺设。

(2)有防腐蚀要求的砖面层采用的耐酸瓷砖、浸渍沥青砖、缸砖的材质、铺设以及施工质量验收应符合《建筑防腐蚀工程施工规范》(GB 50212—2014)的规定。

(3)在水泥砂浆结合层上铺贴缸砖、陶瓷地砖和水泥花砖面层时,应符合下列规定:

① 在铺贴前,应对砖的规格尺寸、外观质量、色泽等进行预选,浸水润湿后晾干待用;

② 勾缝和压缝应采用同品种、同强度等级、同颜色的水泥,并做养护和保护。

(4)在水泥砂浆结合层上铺贴陶瓷锦砖面层时,砖底面应洁净,每联陶瓷锦砖之间、与结合层之间以及在墙角、镶边和靠墙处应紧密贴合。在靠墙处不得采用砂浆填补。

(5)在沥青胶结料结合层上铺贴缸砖面层时,缸砖应干净,铺贴时应在摊铺热沥青胶结料上进行,并应在胶结料凝结前完成。

(6)采用胶粘剂在结合层上粘贴砖面层时,胶粘剂的选用应符合《民用建筑工程室内环境污染控制规范》(GB 50325—2010)的规定。

(7)主控项目

① 面层所用的板块的品种、质量必须符合设计要求。

检验方法:观察和检查材质合格证明文件及检测报告。

② 面层与下一层的结合(粘结)应牢固,无空鼓。

检验方法:用小锤轻击检查。

注:凡单块砖边角有局部空鼓,且每自然间(标准间)不超过总数的5%的可不计。

(8)一般项目

① 砖面层的表面应洁净,图案清晰,色泽一致,接缝平整,深浅一致,周边顺直。板块无裂纹、掉角和缺棱等缺陷。

检验方法:观察和检查。

② 面层邻接处的镶边用料及尺寸应符合设计要求,边角整齐、光滑。

检验方法:观察和用钢尺检查。

③ 踢脚线表面应洁净、高度一致,结合牢固、出墙厚度一致。

检验方法:观察和用小锤轻击及钢尺检查。

④ 楼梯踏步和台阶板块的缝隙宽度应一致,齿角整齐;楼层梯段相邻踏步高度差不应大于 10mm;防滑条顺直。

检验方法:观察和用钢尺检查。

⑤ 面层表面的坡度应符合设计要求,不倒泛水、无积水;与地漏、管道结合处应严密牢固,无渗漏。

检验方法:观察、泼水或坡度尺及蓄水检查。

⑥ 砖面层的允许偏差应符合表 4.7 的规定。

检验方法:应按表 4.7 中的检验方法检验。

表 4.7　板、块面层的允许偏差和检验方法

项次	项目	允许偏差(mm)											检验方法
		陶瓷锦砖面层、高级水磨石板、陶瓷地砖面层	缸砖面层	水泥花砖面层	水磨石板块面层	大理石面层和花岗石面层	塑料板面层	水泥混凝土板、块面层	碎拼大理石、碎拼花岗石面层	活动地板面层	条石面层	块石面层	
1	表面平整度	2	4	3	3	1	2	4	3	2	10	10	用 2m 靠尺和楔形塞尺检查
2	缝格平直	3	3	3	3	2	3	3	—	2.5	8	8	拉 5m 线和用钢尺检查
3	接缝高低差	0.5	1.5	0.5	1	0.5	0.5	1.5	—	0.4	2	—	用钢尺和楔形塞尺检查
4	踢脚线上口平直	3	4	—	4	1	2	4	1	—	—	—	拉 5m 线和用钢尺检查
5	板块间隙宽度	2	2	2	2	1	—	6	—	0.3	5	—	用钢尺检查

4.3.1.2　板(板)面层质量验收方法

本部分内容适用于陶瓷锦砖、缸砖、陶瓷地砖和水泥花砖的地(板)砖铺贴。

1. 检查数量规定

(1)基层(各构造层)和各类面层的分项工程的施工质量验收应按每一层次或每层施工段(或变形缝)作为检验批,高层建筑的标准层可按每三层(不足三层按三层计)作为检验批。

(2)每检验批应以各子分部工程的基层(各构造层)和各类面层所划分的分项工程按自然间(或标准间)检验,抽查数量为随机检验不应少于 3 间,不足 3 间应按全数检查。其中走廊(过道)应以 10 延长米为 1 间,工业厂房(按单跨计)、礼堂、门厅应以两个轴线为 1 间计算。

（3）有防水要求的建筑地面子分部工程的分项工程施工质量，每检验批抽查数量按其房间总数随机检验不应少于 4 间，不足 4 间应按全数检查。

地（板）砖面层分项工程检验批质量验收记录表见表 4.8。

表 4.8　砖面层分项工程检验批质量验收记录表

工程名称			检验批部位				项目经理				
工程施工单位名称			分包项目经理				专业工长				
分包单位			施工执行标准名称及编号				施工班组长				
序号			GB 50210—2001 的规定				施工单位检查评定记录		监理（建设）单位验收记录		
主控项目	1		面层所采用的块材的品种、规格、颜色、等级及质量要求均应符合设计要求								
	2		面层与下一层应结合牢固，无空鼓								
一般项目	1		砖面层应表面洁净，图案清晰，色泽一致，接缝平直，深浅一致。板块无裂纹、掉角、缺棱等缺陷								
	2		楼梯踏步和台阶板块的缝隙宽度应一致、齿角整齐，楼层梯段相邻高差不大于 10mm。防滑条应顺直、牢固								
	3		踢脚线表面应洁净，高度一致，结合牢固，出墙厚度一致								
	4		面层表面的坡度应符合设计要求，不倒泛水、无积水；与地漏、管道结合处应严密牢固，无渗漏								
	5		面层相连接处的镶边用料及尺寸应符合设计要求，边角整齐、光滑								
	6	项次	项目	允许偏差（mm）								
				陶瓷	缸砖	水泥花砖						
		①	表面平整度	2.0	4.0	3.0						
		②	缝格平直	3.0	3.0	3.0						
		③	接缝高低差	0.5	1.5	0.5						
		④	踢脚线上口平直	3.0	4.0	—						
		⑤	板块间隙宽度	2.0	2.0	2.0						
施工单位检查评定结果			项目专业质量检查员： 　　　　　　　　　　年　　月　　日								
监理（建设）单位验收结论			监理工程师（建设单位项目专业技术负责人）： 　　　　　　　　　　年　　月　　日								

2. 主控项目验收

(1)主控项目第 1 项

检验方法:观察检查和检查材质合格证明文件及检测报告。

① 面砖的缝隙宽度应符合设计要求。当设计无规定时,紧密铺贴缝隙宽度不宜大于1mm;虚缝铺贴缝隙宽度宜为 5～10mm。

② 大面积施工时,应采取分段按顺序铺贴,按标准拉线镶贴,并做各道工序的检查和复验工作。

③ 面层铺贴应在 24h 内进行擦缝、勾缝和压缝。缝的深度宜为砖厚的 1/3;擦缝和勾缝应采用同品种、同强度等级、同颜色的水泥,随做随清理水泥,并做养护和保护。

在水泥砂浆结合层上铺贴陶瓷锦砖时,应符合下列要求:

① 结合层和陶瓷锦砖应分段同时铺贴,在铺贴前应刷水泥浆,其厚度宜为 2～2.5mm,并应随刷随铺贴,用抹子拍实。

② 陶瓷锦砖面层应洁净,每联陶瓷锦砖之间、与结合层之间以及在墙角、镶边和靠墙边处,均应紧密贴合,不得有空隙。在靠墙处不得采用砂浆填补。

③ 陶瓷锦砖面层在铺贴后应淋水、揭纸,并采用白水泥擦缝,做面层的清理和保护工作。

在砖面层铺完后,面层应坚实、平整、洁净、线路顺直,不应有空鼓、松动、脱落和裂缝、缺棱、掉角、污染等缺陷。

(2)主控项目第 2 项

检验方法:用小锤轻击检查。

凡单块砖边角有局部空鼓,且每自然间(标准间)不超过总数的 5% 可不计。

3. 一般项目验收

① 一般项目第 1 项

检验方法:观察检查。

② 一般项目第 2 项

检验方法:观察和用钢尺检查。

③ 一般项目第 3 项

检验方法:观察和用小锤轻击及钢尺检查。

④ 一般项目第 4 项

检验方法:观察和用钢尺检查。

⑤ 一般项目第 5 项

检验方法:观察、泼水或坡度尺及蓄水检查。

没有防水要求的面层不进行该项检查。

⑥ 一般项目第 6 项

允许偏差检验方法:第①项:表面平整度用 2m 靠尺和楔形塞尺检查;第②、④项:缝格平直、踢脚线上口平直拉 5m 线和用钢尺检查;第③项:接缝高低差用钢尺和楔形塞尺检查;第⑤项:板块间隙宽度用钢尺检查。检查时应在所用砖的品种上打"√"。

4.3.2 施工质量通病及防治措施

陶瓷地砖、陶瓷锦砖、缸砖和水泥花砖的施工质量通病及防治措施见表4.9。

表 4.9 施工质量通病及防治措施

项次	项目及弊病	主要原因	防治措施
1	空鼓、起拱	1.结合层施工时,水泥素浆干燥或漏刷; 2.结合层砂浆太稀,或粘结浆处理不当; 3.块材未浸泡; 4.外地面受温度变化胀缩起拱	1.铺结合层水泥砂浆时,基层上水泥素浆应刷匀,不漏刷,不积水,不干燥,随刷随铺摊结合层; 2.结合层砂浆必须采用干硬性砂浆,铺砖粘结用浆采用湿浆板底刮浆法或撒干水泥时应浇湿,铺贴后砖必须压紧; 3.铺块前,块材应用清水浸泡2~3h,取出晾干即用; 4.外地坪必须设置分仓缝断开
2	相邻两块板高低不平	1.材料厚薄不一; 2.个别厚薄不均的块材未作处理	1.剔除不合格产品; 2.个别厚薄不均者,可用砂轮打磨
3	铺贴房间面层出现大小头	1.房间本身宽窄不一; 2.受铺砖缝隙影响	1.做内粉刷时,房间内的纵横净距尺寸必须调得一致; 2.铺砖时,严格按施工控制线控制纵、横缝隙一致
4	砖面污染	1.砖面受水泥浆污染; 2.未及时擦除砖面水泥浆	1.无釉面砖有强吸浆性,严禁在铺好的面砖上直接拌和水泥浆灌缝,可用浓水泥浆嵌缝; 2.缝隙中挤出的水泥浆应即时用棉纱擦干净

4.4 成品保护和安全环保措施

4.4.1 成品保护

(1)施工时应注意对定位定高的标准杆、尺、线的保护,不得触动、移位。

(2)对所覆盖的隐蔽工程要有可靠保护措施,不得因浇筑砂浆造成漏水、堵塞、破坏或降低等级。

(3)砖面层完工后在养护过程中应进行遮盖和拦挡,保持湿润,避免受侵害。当水泥砂浆结合层强度达到设计要求后,方可正常使用。

(4)后续工程在砖面上施工时,必须进行遮盖、支垫,严禁直接在砖面上动火、焊接、和灰、调漆、支铁梯、搭脚手架等;进行上述工作时,必须采取可靠保护措施。

4.4.2 安全环保措施

(1)在运输、堆放、施工过程中应注意避免扬尘、遗撒、沾带等现象,应采取遮盖、封闭、洒水、冲洗等必要措施。

(2)运输、施工所用车辆、机械的废气、噪声等应符合环保要求。

(3)电气装置应符合施工用电安全管理规定。

复习思考题

4.1　楼地面工程是如何进行分类的？

4.2　地板砖铺贴操作后的成品保护措施有哪些？

4.3　楼地面的使用要求有哪些？

4.4　木竹面层地面有哪些种？

4.5　陶瓷地砖地面施工的作业条件是什么？

4.6　楼地面的保证使用条件有哪些？

4.7　水泥砂浆地面的构造做法有几种？试分别说明。

4.8　陶瓷地砖地面施工工艺流程如何进行？

4.9　塑料面层地面有哪几种？

4.10　地板砖铺贴操作的注意事项有哪些？

4.11　板块面层质量标准的主控项目有哪些？

4.12　板块面层质量验收中的检查数量是如何规定的？

4.13　地板砖铺贴操作中出现空鼓、起拱的原因有哪些？如何防治？

项目5 门窗工程

1.掌握门窗的组成部分；
2.熟悉塑钢门窗、铝合金门窗安装的施工工艺流程及常见通病防治。

门窗工程在建筑装饰分部工程中占重要地位。由于现代土建工程中的普通装修基本上已不再使用木制门窗，所以本项目重点介绍塑钢门窗、铝合金门窗的安装方法及其通病防治方法。

5.1 门窗工程的分类及相关知识

5.1.1 门窗的分类及组成部分

5.1.1.1 门窗的分类

根据门窗使用的不同材质来分，可分为木门窗、金属门窗、玻璃门窗、塑钢门窗；按开启形式来分，可分为平开门窗、推拉门窗、折叠门、旋转门、弹簧门等。

门的开启方式如图5.1所示。

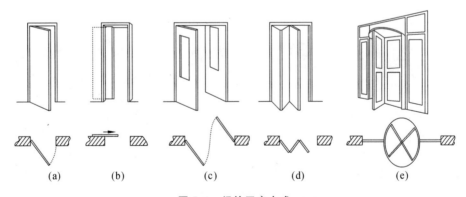

图5.1 门的开启方式

(a)平开门；(b)推拉门；(c)弹簧门；(d)折叠门；(e)旋转门

平开门因其构造简单，开启灵活，安装、维护方便，成为目前房屋建筑采用较多的一种门。平开门又可分为单扇平开门、双扇平开门，内开门、外开门。

5.1.1.2 门窗的组成

门窗由框和扇及其连接件组成，有的还有贴脸、亮子等部分。根据门窗不同的开启方式，门窗框和门窗扇之间可用铰链、滑轨、地簧等五金件来连接,门窗扇上还要安装供开关固定用的拉手、锁等门窗用五金件。门、窗的组成见图 5.2。

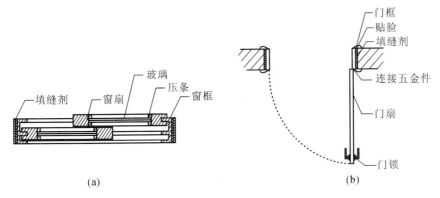

图 5.2 门、窗的基本组成

(a)窗的组成;(b)门的组成

5.1.2 塑钢门窗的相关知识

塑钢门窗框料型材是以聚氯乙烯(PVC)树脂为主要原料,加上一定比例的多种添加剂经热挤压加工而成,再通过切割、熔接方式组装成门窗框、扇,并在型材空腔内加衬不同类型的型钢以提高刚度和便于连接。国外使用塑钢门窗已有 40 多年的历史,20 世纪 80 代初期我国先后从欧美等国引进塑钢门窗生产线,其优异的性能逐渐被人们认识和了解。

5.1.2.1 塑钢门窗的特点

(1)塑钢材料具有容易加工成型的特点,通过改变成型的模具尺寸和截面,即可挤压出适合不同设计尺寸及厚度要求的复杂断面中空型材。

(2)塑料门窗的保温、隔热性能优于木门窗,PVC 塑料导热系数虽然与木材接近,但由于塑料门窗框、扇都是中空异型材,故密闭空气层的导热系数低。

(3)塑钢门窗的气密性和水密性优于传统木门窗。塑料门窗使用型材的侧面带有嵌固弹性密封条的凹槽,密封条嵌装后,门窗的气密性和水密性大大提高。试验证明,当风速为 40km/h 时,塑料门窗空气的泄漏量仅为 0.0283m³/s。

(4)塑料门窗的耐水性、耐腐蚀性能好,掺用氯化聚乙烯等改性成分的改性 PVC 塑料门窗还具有优异的耐候性和耐风化的性能。国外的应用实践证明,没有涂饰维修过的塑料门窗,经过 30 年的使用后,仍处于完好状态。

(5)塑钢门窗外观清雅,光洁度高,可制成各种色彩,如将耐久性好的彩色丙烯酸酯和白色的 PVC 一起挤出,使窗子的外侧为彩色的丙烯酸酯,而室内一侧为洁白的 PVC 型材,能获得华丽美观和装饰性强的效果,是理想的替代钢、木门窗以及能与高档铝合金门窗竞争的产品。

5.1.2.2 塑料门窗的主要类型及应用范围

1. 改性聚氯乙烯内门

改性聚氯乙烯内门是以聚氯乙烯为基料,加入适量的改性剂和助剂,经挤压机挤出各种截面形式的中空型材,再根据设计要求组装成不同品种、规格的内门。这种门具有质轻、隔声、隔热、耐腐蚀、色泽鲜艳和装饰效果好等优点,且采光性能好,不需要油漆,可用于宾馆、饭店和民用住宅内,取代普通木门。

2. 钙塑门窗

钙塑门窗是以聚氯乙烯树脂为基料,加入适量的改性、增强材料和稳定剂、抗老化剂、抗静电剂等加工而成。钙塑门窗具有耐酸碱腐蚀、耐热、不吸水、隔声和可加工性好等优点,可以根据设计、组装的需要进行锯切、钉固、拧固等,且不需要油漆。钙塑门窗品种、类型较多,有室门、壁橱门、单元门、商店门及各种不同规格的窗子,还可以根据建筑设计图纸的要求进行再加工。

3. 改性全塑整体门

全塑整体门是以聚氯乙烯树脂为基料,加入适量的增塑剂、抗老化剂和稳定剂等辅助材料,经机械加工而成。这种门在生产中采用一次成型的工艺,门扇为一个整体,无须再经过组装,因此,它不仅坚固、耐久性能好,而且隔热、隔声性能好,同时可以制作成各种颜色,安装施工也比较简便,是一种比较理想的"以塑代木"的产品。改性全塑整体门适用于医院、办公楼、饭店、宾馆及民用建筑的内门,也适用于化工车间内门的安装。改性全塑整体门适合在−20~50℃的温度范围内使用而不会产生变形和变性。

4. 改性聚氯乙烯夹层门

改性聚氯乙烯夹层门是采用聚氯乙烯塑料的中空型材为骨架,内衬心材,表面再以聚氯乙烯装饰板复合而成。这种门的门框是用抗冲击性能好的聚氯乙烯中空异型材,经过热熔焊接后拼装而成,它具有整体质量轻、刚度好、耐腐蚀、不易燃烧、防虫蛀、防霉且外形美观等优点,适合用于宾馆、学校、住宅、办公楼和化工车间内门安装。

5. 全塑折叠门

全塑折叠门也是用聚氯乙烯为主要原料,掺入适量的防老化剂、增塑剂、阻燃剂和稳定剂,经过机械加工而成。全塑折叠门具有质量轻、安装使用方便,自身体积小,但遮蔽面积大,推拉轨迹顺直,且能显现出豪华、高雅的装饰效果,适用于大、中型厅堂的临时隔断、更衣间的屏幕和浴室、卫生间的内门。全塑折叠门的颜色和图案都可以按设计要求确定,如仿木纹及各种印花等。全塑折叠门安装时所用的附件有铝合金导轨和滑轮等。

6. 玻璃钢门窗

玻璃钢门窗是在合成树脂的基料中掺入玻璃纤维增强材料,经过成塑加工而成,其主要的构造方式有空腹窗、实心窗、隔断门和走廊门扇等。空腹薄壁玻璃钢窗是以无碱无纺方格玻璃布为增强材料,以不饱和聚酯树脂为胶粘剂而制成的一种空腹薄壁的玻璃钢型材,再经过机械加工拼装而成。这种窗与传统的木、钢窗相比,具有制造成本低、生产效率高和产品表面光洁等优点。玻璃钢门窗除在一般建筑上应用外,特别适合用于湿度大、腐蚀性较强的冷库、化工车间及火车车厢的保温门,比钢、木门的质量轻、刚度好,耐热、绝缘、抗冻和抗腐蚀性能好。

7. 塑料百叶窗

塑料百叶窗是使用硬质改性聚氯乙烯、玻璃纤维增强聚丙烯及尼龙等热塑性塑料加工而成,主要品种有垂直百叶窗帘和活动百叶窗等。塑料百叶窗的传动机构采用丝杠和蜗轮蜗杆机构,可以自动启闭及 180°的转角,起到随意调节光照,使室内形成一种光影交错的气氛。塑料百叶窗具有优良的抗湿和调节光照的性能,比较适合于地下坑道、人防工事等湿度大的建筑和宾馆、饭店、影剧院、图书馆和科研计算中心等各种窗的遮阳和通风。

5.2　塑钢门窗安装施工要求及步骤

5.2.1　施工现场必备条件

(1)检查校核需安装的门、窗洞口尺寸、标高是否符合设计要求,是否做好糙底粉刷工作,如有误差应先进行剔除修正处理。门、窗洞口尺寸一般为:门洞口宽度＝门框宽度＋50mm,门洞口高度＝门框高度＋20mm;窗洞口宽度＝窗框宽度＋40mm,窗洞口高度＝窗框高度＋40mm。

(2)用水准仪抄平,用墨线在洞口内按设计要求弹好门窗安装线。洞口中线的弹法,若为多层建筑时,应从顶层一次吊垂直,并核对门窗开启方向。

(3)检查塑钢门窗两侧连接件位置与墙体预埋件位置是否吻合。若不符合要求应先作适当处理,如在正确位置重新埋设 $\phi 10$ 或 $\phi 12$ 膨胀螺栓固定门窗连接件。

(4)按门窗预留洞口所需要安装的门窗分发、运输到位。搬运时要防止门窗相互撞击与磨损,存放时要竖直排放,远离热源,不准直接受日晒、雨淋。

(5)搭设安装脚手架、临时施工电源及安全设施。

5.2.2　施工材料准备及其检查

5.2.2.1　材料的准备

塑料门窗由框料型材、附件、玻璃、五金配件等组成。嵌缝有软质材料、连接件、PE 发泡填充剂、密封膏、水泥、砂等。常见塑钢门窗异型材断面图如表 5.1 所示。

5.2.2.2　安装前的检查

安装前对运到现场的塑料门窗应检查其规格、型号是否符合设计要求,五金配件是否齐备,门窗组装质量允许尺寸偏差是否符合表 5.2 的要求,有无产品合格证书。

检查门窗型材有无断裂、开焊和连接不牢固等现象,发现不符合设计要求或被损坏的门窗时,应及时修复或更换。型材的基本要求是表面平滑,无影响使用的伤痕、凹凸、裂纹等缺陷,色泽均匀一致,外形无扭曲。内钢衬必须经镀锌或防锈处理,增强型钢壁厚不小于1.2mm。附件有压条、封边板、披板、橡胶密封条等。压条、封边板、披板的要求与框料相同,密封条应符合相关规范要求。

常见塑钢门窗的品种有固定窗、平开门窗、推拉门窗、弹簧门、折叠门、百叶窗等。尺寸规格:门宽 700～2100mm,门高 2100～3300mm,门厚 58mm;窗宽 900～2400mm,窗高 900～2100mm,窗厚 60～75mm。玻璃通常为平板玻璃或浮法玻璃,厚度 5～8mm,有单层、双层、夹层等形式,质量要求同其他门窗玻璃。

表 5.1　塑钢门窗异型材断面图

系列	框	扇	中梃	压条			
38系列							
	01	02	03	04			

系列	框	扇	中梃	单压条	双压条	拼条	防雨板
50系列							
	01	02	03	04	05	06	07

系列	框	扇	盖帽	单压条	双压条		
60系列							
	01	02	03	04	05		

系列	框	扇	盖帽	大拼条	15mm白板	8mm黄板	方管
85系列							
	01	02	03				

系列	框	扇	拼条	中梃延伸件	O型密封胶条	K型密封胶条	
88系列							
	01	02	03	04			

表 5.2 塑料门窗组装质量允许尺寸偏差（mm）

序号	允许偏差\\质量等级\\项目		优等品	一等品	二等品	测试标准
1	门窗框、扇外形尺寸（高度与宽度）	300～900	1.5	1.5	2	
		901～1500	1.5	2	2.5	
		1501～2000	2	2.5	3	
		>2000	2.5	3	4	
2	门窗对角线长度	<1000	2	3	3.5	《塑料窗基本尺寸公差》（GB 12003—1989）
		1000～2000	3	3.5	4	
		>2000	4	5	6	
3	门窗框、扇相邻构件装配间隙		0.3	0.4	0.5	
4	两相邻构件焊接处同一平面高低差		0.5	0.6	0.8	
5	门窗框、扇装配铰链缝隙		1.0	1.5	2	
6	门窗框、扇四周搭接宽度		1.0	1.5	2	
7	窗扇玻璃等分格		2			

5.2.3 施工工具准备

塑料门窗安装所用的主要机具有电锤、电钻、射钉枪、锤子、吊线线坠、螺丝刀、扳手、钢锯、量具（卷尺、水平尺、线坠）、鸭嘴榔头和平铲等。

5.2.4 施工结构图示及施工说明

塑钢门门框是由中空异型材 45°斜面焊接拼装而成。对于尺寸较大的门窗（一般宽度大于 1000mm，高度大于 1200mm）异型材，为了加强框料刚度，多在异型材空腔内插入与内腔尺寸相近的钢衬。钢衬用 1.5mm 厚的带钢压制而成。在异型材外侧用自攻螺钉将钢衬固定，自攻螺钉间距为 600～1000mm，钢衬两端比异型材短 40～50mm，自攻螺钉不要安装过紧，以适应两种不同材料的热胀变形。塑料门窗安装节点如图 5.3 所示。

镶板门门扇是由一些大小不等的中空异型门心板通过企口缝拼接而成。在门扇板的两侧，为了牢固地安装铰链和门锁等五金配件，应衬用增强异型材，紧固螺栓要穿透两层中空壁。另外，为了保证门扇有足够的刚度，通常在它的上、下边各用一根 $\phi 8$ 的钢筋进行增强。门扇与主门框之间一侧通过铰链相连，另一侧通过门边框与主门框搭接。主门框和墙体之间则可用螺钉直接固定在墙内预埋的木砖上。门盖板的一侧嵌固在主门框断面上的凹槽处，另一侧则嵌固在用螺钉固定的钢角板或 PVC 角板上。如图 5.4 所示。

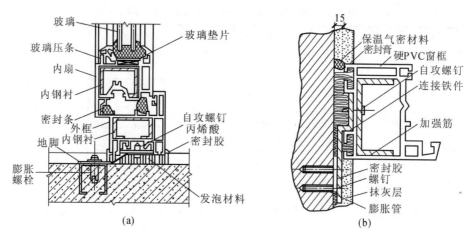

图 5.3　塑钢门窗安装节点

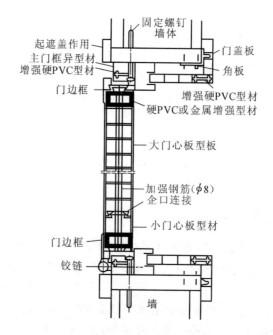

图 5.4　塑钢门安装构造

　　塑料窗扇与窗框之间由橡胶封条填缝,关闭后密封较严。玻璃有单层和双层之分,应与其框料异型材相配套。其节点构造如图 5.5 所示。

　　在塑料门窗的外侧由锚铁与其固定,锚铁的两翼安装时用射钉与墙体固定,或与墙体埋件焊接,也可用木螺钉直接穿过门窗框异型材与木砖连接,从而将框与墙体固定。由于 PVC 塑料的膨胀系数较大,必须在框与墙之间留有一定的间隙,作为适应 PVC 伸缩变形的安全余量。间隙一般取 10～20mm,在间隙内应填入矿棉、玻璃棉或泡沫塑料等隔热材料作为缓冲层。在间隙的外侧应用弹性封缝材料加以密封。然后再进行墙面抹灰封缝。工程有要求时,最后还须加装塑料盖口条。对这一部位进行处理的构造方法,也可采用一种过渡措施,即以毡垫缓冲

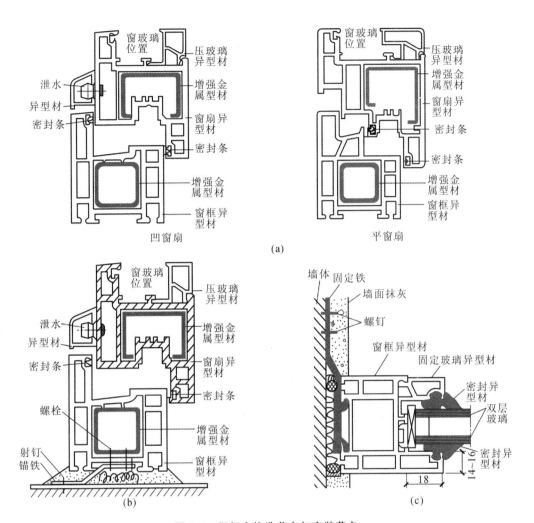

图 5.5　塑钢窗构造节点与安装节点

(a)窗扇与窗框的组合；(b)塑钢平开窗安装节点；(c)双层玻璃固定窗安装节点

层替代泡沫材料缓冲层；或不用封缝材料而直接以水泥砂浆抹灰。

5.2.5　施工工艺流程及其操作要点

5.2.5.1　安装工艺流程

塑钢门窗均采用塞口法安装，其工艺流程为：

施工准备→抄平放线→框上找中线→装固定片→洞口找中→安装门窗框→调整定位→与墙体固定→填塞框墙间弹性嵌固材料(塑料发泡剂)→墙面装饰→清理→嵌缝→安装门窗扇及玻璃→安装五金配件→撕去保护膜→交工验收。

5.2.5.2　操作要点

(1)安装框料连接铁件

连接铁件是将塑料门窗框料固定于门、窗洞口预埋件上的铁卡件，如图 5.6 所示。

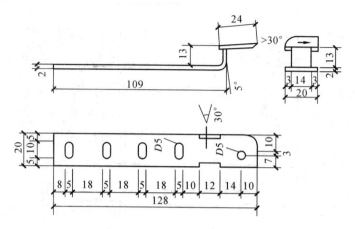

图 5.6　塑钢门窗安装用铁卡

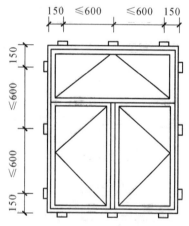

图 5.7　连接点布置示意

连接铁件的安装位置是:从门窗框宽度和高度两端向内各 150mm 作为第一连接安装点,中间安装点间距小于或等于 600mm,如图 5.7 所示。具体安装方法为:先将连接铁件按与框成 45°的角度放入框背侧燕尾槽口内,顺时针方向将连接铁件扳成直角,然后成孔旋进长 15mm ϕ4 自攻螺钉固定。严禁用锤子敲打框料,以防变形损坏。

(2)门窗框就位、固定

门窗放入洞口安装线上就位,用对拔木塞临时固定,校正垂直度、水平度后将木塞固定牢。为防止门窗框受弯损伤,木塞应固定在边框、中横竖框部位。框的两对角线偏差不超过 2‰。有预埋木砖的洞口墙体,可以用木螺丝将门窗框直接拧固在木砖上进行固定。框扇固定后及时开启门窗扇,检查开关灵活度。

(3)接缝处理

由于塑钢门窗的膨胀系数较大,故要求门窗框与洞口墙体间应留出一定宽度的缝隙,以便调节塑钢门窗的伸缩变形,一般取 10～20mm 的缝隙宽度即可。

门窗框与洞口墙体之间的缝隙应使用泡沫塑料或油纸卷条填塞,且填塞时不要过紧,以防门窗框变形。门、窗洞口面层粉刷前,门窗框内外四周的接缝应用密封材料嵌塞密实,也可以采用硅橡胶嵌缝条密封,但不适合用水泥砂浆嵌塞,以免框料变形和裂缝渗漏。

(4)安装玻璃、五金配件

建筑内外墙饰面完成后,将玻璃用橡胶压条压固在门窗扇上,并在铰链内滴注机油等润滑剂。塑钢门窗安装五金配件时,应先在杆件上钻孔,然后用自攻螺钉拧入,不准在杆件上采取锤击直接钉入。

5.2.6　安装质量通病及防治

(1)塑钢门窗松动不牢固

产生原因:预埋件强度低,数量少,间距太大;门窗的连接件与墙体采用射钉固定。

处理方法:墙侧预埋件必须按设计规定的尺寸、数量及位置预设且应具备足够的强度才能进行门窗安装施工;门窗与砖墙洞口连接严禁用射钉固定,可用膨胀螺栓、连接件焊接等方法固定。

（2）门窗缝隙渗水

产生原因:排水孔堵塞、安装位置不正确、外窗台没有披水板等造成窗下框槽内积水,引起渗漏;框与洞口间隙处理不当,密封胶不密实,造成渗漏。

处理方法:检查塑钢门窗的排水孔是否堵塞,或补打孔;安装时外窗台要粉刷出排水坡,不使窗下积水;安装时粉刷层一定要盖住间隙,砂浆与塑钢框结合处要用密封胶封严,不使其渗漏。

（3）开启不正常

产生原因:门窗制作尺寸不标准,装配质量不好;门窗型材变形、错位;安装操作不规范,校正不到位,缝隙处理不当致使框变形。

处理方法:对成品门窗进场应严格检验,杜绝安装不合格产品;搬运、堆放、保管应按规定执行,避免门窗受损变形;校正固定时不得使用锤击框料,门窗洞口间隙应用发泡塑料填塞,且不宜过紧;门窗扇装配,五金件、连接件必须先钻孔再用自攻螺钉拧入,严禁锤击自攻螺钉,避免螺钉松动影响装配牢固度。

（4）门窗框显锤痕及门窗污染

产生原因:安装时直接用锤子敲打门窗框,安装完成后未做成品保护或撕掉门窗框上的保护膜。

处理方法:严禁用锤子敲打门窗框,如需轻击时,应垫木板,锤子不得直接接触到门窗框;安装完成后应先在门窗框扇上贴好防护膜,防止水泥砂浆污染。局部受污染部位应及时用抹布擦干净,不得让粉刷物、胶等污染物接触到框料。

塑钢门窗安装质量的基本要求和检验方法见表 5.3,安装尺寸允许偏差和检验方法如表 5.4 所示。门窗的抗风压、空气渗透及雨水渗透等基本物理性能应符合相关等级要求。所有门窗产品及配件应有产品合格证。

表 5.3　塑钢门窗安装质量要求和检验方法

项　目		质　量　要　求	检验方法
门窗表面		洁净、平整、光滑,大面无划痕、碰伤,型材无开焊断裂	观察
五金件		齐全,位置正确,安装牢固,使用灵活,达到各自使用功能	观察
玻璃密封条		密封条与玻璃及玻璃槽口的接触应平整,不得卷边脱槽	观察、尺量
密封质量		门窗关闭时,扇与框之间无明显缝隙,密封面上的密封条应处于压缩状态	观察
玻璃	单玻	安装好的玻璃不得直接接触型材,玻璃应平整,安装牢靠,不应有松动现象,表面应洁净,单面镀膜玻璃的镀膜层应朝向室内	观察
	双玻	安装好的玻璃应平整,安装牢靠,不应有松动现象,内外表面均应洁净,玻璃夹层内不得有灰尘和水汽,双玻隔条不得翘起,单面镀膜玻璃应装在外层,镀膜层应朝向室内	观察

表 5.4 塑钢门窗安装的允许偏差和检验方法

项次	项 目		允许偏差(mm)	检验方法
1	门窗槽口宽度、高度	≤1500mm	2	用钢尺检查
		>1500mm	3	
2	门窗槽口对角线长度差	≤2000mm	3	用钢尺检查
		>2000mm	5	
3	门窗框的正、侧面垂直度		3	用1m垂直检测尺检查
4	门窗横框的水平度		3	用1m水平尺和塞尺检查
5	门窗横框标高		5	用钢尺检查
6	门窗竖向偏离中心		5	用钢直尺检查
7	双层门窗内、外框间距		4	用钢尺检查
8	同樘平开门窗相邻扇高度差		2	用钢直尺检查
9	平开门窗铰链部位配合间隙		+2；−1	用塞尺检查
10	推拉门窗扇与框搭接量		+1.5；−2.5	用钢直尺检查
11	推拉门窗扇与竖框平行度		2	用1m水平尺和塞尺检查

5.2.7 成品保护

整个安装过程中框扇上的保护膜必须保存完好,否则应先在门窗框扇上贴上防护膜,防止水泥砂浆污染。局部受污染部位应及时用抹布擦干净。玻璃安装后应及时擦除玻璃上的胶液。门窗工程完成后若尚有土建工程等其他交叉工作进行,则对每樘门窗务必采取保护措施,且设专人看管,防止利器划伤门窗表面,并防止电焊、气焊的火花、火焰烫伤或烧伤表面;严禁在门窗框、扇上搭设脚手板,悬挂重物,外脚手架不得支顶在框和扇的横档上等。

5.3 铝合金门窗的制作、特点及应用

5.3.1 铝合金门窗的制作

铝合金门窗料由于易于切割,组装采用冷粘结,所以对组装设备及组装环境要求并不高。这样在施工现场制作时也能够保证质量。工厂制作铝合金门窗,可以充分利用机械设备,形成固定的流水作业。如门窗料的自动控制切割机,不仅切割尺寸有保证,而且切角的精度也比较高,对于大批量的加工,对工效与质量都是有利的。又如平开窗组装的撞角机具有多头撞角的能力,同人工撞角相比工效快、劳动强度也低,特别是当同一批型号的窗批量生产时更能发挥快速、流水作业的优势。所以如果能够利用工厂的机械设备,应尽量优先考虑在工厂生产。现场制作也有其优点,其最大优点在于减少门窗的包装与运输工作量。特别是当门窗加工尺寸较大时,可以避免因堆码不当所产生的变形,也可减少因运输搬运不当使氧化膜受到磨损。但现场加工由于有些自动化程度较高的切割设备搬动困难,而改为一般切割设备,在这方面对工

效有一定影响。因铝合金门窗组装基本上是手工操作,只要认真细致,质量上是能够保证的。

铝合金门窗之所以能够在施工现场制作,主要因为:

(1)制作铝合金门窗所需工具比较简单,最主要的工具就是电钻、电锯两种设备。这些设备目前已经趋向小型化和携带式,如手提式电锯、手提式电钻、手枪式电钻等可随意移动。

(2)铝合金门窗组装由于采用角铝或其他形状的连接件,用铝拉钉或不锈钢螺丝连接。框、扇料的组装基本上是手工操作,所以,这种组装技术在施工现场并不受影响。在工厂利用机械撞角拼装的平开窗,在施工现场也可用人工操作。甚至有些铝合金门窗加工的专业厂,并非都有这种撞角设备。五金配件已经由工厂加工成定型产品,安装时只要用螺丝或铝拉钉按正确的位置固定即可。

(3)铝合金门窗制作的场地要求简单,施工现场的工棚、未装饰的房间都可以用作临时加工场,因为制作时没有大型设备,拼装时也只需要一张简易工作台,所以施工现场一般均可以找到加工场地。究竟是现场加工还是工厂加工,并没有一定的要求,应根据门窗的规格和运输的条件以及加工制作的技术水平等因素综合分析,以便于安装、保证质量、经济效益好为原则。

5.3.2 铝合金门窗的特点及应用

铝合金门窗主要有铝合金平开门窗、铝合金推拉门窗、铝合金自动门。同普通木门窗、钢门窗相比,铝合金门窗具有以下主要性能特点:

(1)质量轻、强度高

铝合金的密度仅为钢材的 1/3,且由于是空腹薄壁挤压的型材,因而每平方米耗用的铝合金型材质量仅为 8～12kg(每平方米钢门窗耗钢量为 17～20kg),而其强度却接近普通低碳钢,可达 300MPa 以上。铝合金门窗的强度通常用窗扉中央最大位移量小于窗框内沿高度的 1/70 时所能承受的风压等级表示。试验是在压力箱内对窗进行压缩空气加压试验,如 A 类(高性能窗)平开铝合金窗抗风压强度值为 3000～3500Pa。

(2)气密性、水密性及隔热、隔音性能好

气密性能的好坏对门窗是很重要的,它将直接影响到门窗的使用功能和能源的消耗。铝合金门窗的密闭性能之所以明显地优于钢、木门窗,主要是因为它的加工精度高,组装的严密性好,并且采用了橡胶压条及性能优良的密封材料封缝,加之在施工验收规范中对其作了十分严格而具体的技术规定,所以它的气密性能好。

① 气密性 气密性是指在一定压力差的条件下,铝合金门窗空气渗透性的大小。气密性检测方法通常是在专门的压力试验箱中,使窗的前后形成 10Pa 以上的压力差,测定每平方米面积在每小时内的通气量。如 A 类铝合金平开窗的气密性为 $0.5～1.0m^3/(m^2 \cdot h)$;而 B 类(中性能窗)窗的气密性则为 $1.0～1.5m^3/(m^2 \cdot h)$。

② 水密性 水密性是指铝合金门窗在不渗漏雨水的条件下所能承受的脉冲平均风压值。检测时也是在专用压力试验箱内对窗的外侧施加周期为 2s 的正弦脉冲风压,同时向窗以每分钟每平方米喷射 4L 的人工降雨,进行连续 10min 的风雨交加试验,而在室内一侧不应发现可见的渗漏水的现象。如 A 类铝合金平开窗的水密性为 450～500Pa,而 C 类(低性能窗)的水密性为 250～350Pa。

③ 隔热性 铝合金门窗的隔热性能常按传热阻($m^2 \cdot K/W$)分为三级,即Ⅰ级≥0.50;Ⅱ级≥

0.33;Ⅲ级≥0.25。隔热性能也称为保温性能,对实腹或空腹的钢窗却没有隔热性能要求。

④ 隔声性 铝合金门窗的隔声性能通常用隔声量(dB)来表示。它是在音响试验室内对窗进行音响透过损失试验,当音响频率达到一定的数值后,铝合金门窗的音响透过损失趋于恒定。用这种方法可以检测出隔声等级曲线。我国按隔声量的不同将隔声性能分为五个等级,铝合金门窗应在25~40dB以上,即为Ⅱ~Ⅴ级。

(3)经久耐用,使用维修方便

铝合金门窗表面有一层极薄而又坚固的氧化铝薄膜,故不锈蚀、不脱落、不褪色,在使用过程中几乎不需要维修,零、配件的使用寿命也长。另外,由于铝合金门窗的加工、装配精度高而准确,自重又轻,因而开闭灵敏、轻便、无噪声。

(4)装饰效果好

铝合金门窗表面都经过阳极氧化及电解着色处理。从引进的国外生产线的产品看,多数产品采用了复合膜层,即阳极氧化后进行电泳涂漆处理,氧化膜厚度在 $9\mu m$ 以上,漆膜厚度在 $7\mu m$ 以上,颜色呈银白、古铜等色。这种复合膜不仅耐腐蚀、耐磨,有一定的耐热和防火能力,而且光泽度很高。若在大面积铝合金门、窗上再配装适当的并有一定色彩的热反射玻璃或吸热玻璃,建筑物的立面就会显得更挺拔而优雅。

(5)可以组织工业化大生产

铝合金门窗型材框料加工,从密封件、配套零件的制作,到门窗组装、试验,都可以组织在工厂内进行大批量的工业化生产,因而有利于实现门窗产品设计的标准化、产品系列化和零配件通用化,使经济效益和社会效益进一步提高。

铝合金自动门是近年来发展起来的一种新型金属自动门,广泛地用于高级宾馆、饭店、写字楼、候机大楼、车站、办公大楼、高档净化车间和计算机机房等建筑中。铝合金自动门由铝合金型材和玻璃组成门体结构,加上控制自动门的指挥系统共同组成,门的特点是外观新颖、构造精巧、启闭灵敏、运行噪声小、安全可靠,并且节约能源。

铝合金自动门主要构造特点及技术性能见表5.5。

表 5.5 铝合金自动门构造特点及主要技术性能

名　　称	构造特点	技术性能
ZMLE2 型微波 自动门	其传感系统是采用微波感应方式,当人或其他活动目标进入或离开微波传感器的感应范围时,门扇自动开启和关闭。门扇运行时有快、慢两种速度自动变换,使启动、运行、停止等动作达到最佳协调状态。同时,可确保门扇之间的柔性合缝,安全可靠。自动门的机械运行机构无自锁作用,可在断电状态下作手动移门使用,轻巧灵活	电源:AC 200V 50Hz 功耗:150W 门速调节范围:0~350mm/s(单扇门) 微波感应范围:门前 1.5~4m 感应灵敏度:现场调节至用户需要 报警延时时间:10~15s 使用环境温度:-20~40℃ 断电时手推力:<10N
TDLM100 系列 推拉自动门	由电脑逻辑记忆控制系统和无触点可控硅交流传动系统以及超声波、远红外、微波、传感器组成。自动门的滑动扇上部为吊挂滚轮结构,下部有滚轮导向结构和槽轨导向结构两种。自动门有普通型和豪华型两种,普通型门扇为有框式结构,豪华型门扇为无框茶色玻璃结构	手动开门力:35N 电源:AC 200V 50Hz 电功率:130W 探测距离:1~3m(可调) 探测范围:1.5m×1.5m 保持时间:0~60s

续表 5.5

名　称	构造特点	技术性能
PDLM100 系列平开自动门	由电子识别控制系统和直流伺服传动系统以及传感器(超声波或微波或远红外)组成,结构新颖、噪声小、开闭灵活,并有各种防堵反馈装置(遇有障碍自动回归),可以装成内开或外开形式。有普通型和豪华型两种,普通型门扇为有框结构,豪华型门扇为无框茶色玻璃结构	手动开门力:20N 电源:AC 220V 50Hz 功耗:130W 探测距离:1～3m(可调) 探测范围:1.5m×1.5m
YDLM100 系列圆弧自动门	电脑控制系列和传感器方面与 TDLM100 系列自动门相同,但其作弧线往复运动的传动机构比较新颖、复杂。这个系列的产品(整圆形)相当于两重推拉自动门的节能、隔声功能,而所占用的空间又比较小,且圆弧造型立体感强、活动门扇部分为茶色全玻结构。此门为保温型人流出入用门,不适于车辆、货物的进出	手动开门力:35N 电源:AC 220V 50Hz 功耗:130W 探测距离:1～3m(可调) 探测范围:1.5m×1.5m
DN001 滑动式自动门	无框全玻璃自动门,一体化安装结构,不预埋、无预焊,安装简单,造型新颖美观。采用交流电机驱动,噪声小,无电磁辐射干扰,体积小,接头采用超声波、微波、红外等,并可遥控	电源:AC 220V 50Hz±10% 功能:不大于 150W 探测范围:≥1.2m 连续工作时间:8h 运行速度:35cm/s 绝缘电阻:≥20MΩ 运行噪声:≥70dB
京光 86-Ⅱ型自动门	控制器采用微波传感(必要时可换用红外线传感器),控制电路为 CMOS 集成电路,灵敏度和精度高,可靠性好,抗干扰能力强,功耗低,其传统机构返行程不自锁,可随转手动不会夹人	总能耗:不大于 100W 电源电压:AC 220V±10% 作用距离:不小于 5m(根据需要调整) 开闭速度:不低于 1m/s(根据需要调整) 动作时间:0.08～5.2s 连续可调 环境要求:-20～50℃ 工作方式:24h 连续
遥控伸缩式自动门	有豪华型(2m 高)、雅致型(1.7m、1.3m 高)、静雅型(1.3m 高)、新雅型(1.7m 高)等系列制品。颜色分为红、黄、蓝、绿、灰、黑六种,采用铝合金、不锈钢等材料制作	1. 豪华型(2m 高) 片数:7～42 片组 适应通道:2.0～16.0m 收合退缩地:0.65～3.35m 2. 雅致型(1.7m 高) 片数:15～42 片组 适应通道:4.94～15.2m 收合退缩地:0.9～2.4m

续表 5.5

名　称	构造特点	技术性能
微波自动门	无框全玻璃中分门(镀膜玻璃、钢化玻璃)	门宽:1200～2000mm 门洞:门宽×4(两固定、两平开) 功耗:150W 手动开门力:<100N 感应距离:1.5～4m 保持时间:10～15s
电控自动门 (对讲门)	该自动门宜作住户单元门,各住户配备对讲机,来访者可与住户主人通话确认后,主人通过对讲机上的按键遥控打开大门口锁(住户配有钥匙)在人员进门后即由闭门器关死。可保证停电一周内系统正常工作	
FHM 防火式 自动门	该门配有高灵敏度烟雾装置及能绝对隔离火源的钢板石棉门,一旦附近发生火灾时,它能起到隔离火源,压缩受灾区域的作用,并有自动报警设备。分透光型和遮光型两种。透光型又分有框和无框两种。有框型选用优质古铜色或银白色铝合金型材制成门框,内装 5～8mm 茶色或透明玻璃。无框型选用进口 10～12mm 特厚茶色玻璃,用铝合金型材作门托。遮光型分有四种:用经过电化着色的优质铝合金制成门扇;用镀锌铁板制作门扇;用 3～8mm 钢板(或中间夹石棉板)制成门扇;用彩色塑料板或木质板材制成门扇	传感控制区域:4m×4m 传感控制机构:烟雾 运行噪声:<70dB 开门运行时间:5s 电动机功率:500～1340W 电压:AC 220V±15% 手动推力:≤300N 使用环境温度:60℃
FDM 防盗 自动门	系用金属钢板制成门扇,一旦外人闯入禁区作案时,高度灵敏的微波传感系统立即在几秒钟内将自动门关闭自锁,使作案人不能深入其他区域,或无法逃离现场,门上并设有自动报警装置。适用于金库、博物馆、高级展览厅、监狱以及需要严格防盗、防窃的场所	传感控制区域:3m×3m 传感控制机构:烟雾 运行噪声:<55dB 开门运行时间:2.5s 关门运行时间:4s 电动机功率:≤180W 电压:AC 220V±15% 手动推力:40N 使用环境温度:−20～45℃

铝合金自动门安装主要是地面导向轨道和自动门横梁的安装。

① 地面导向轨道的安装

全玻璃自动门和铝合金自动门安装前都要先在地面上门的启闭位置线下做出导向下轨道,轨道的做法是:土建施工做地坪时,在地面的准线位置下面预埋 50～75mm 长的方木一根,待自动门安装时撬出方木,埋设下轨道,下轨道的长度应为开启门宽的 2 倍。

② 自动门横梁的安装

自动门上部机箱层主梁需安装在建筑物主体结构上,故要求支承结构有足够的强度。机箱内装有自动门的机械与电控装置。

5.4 铝合金门窗安装施工要求及步骤

5.4.1 施工现场必备条件

(1)检查并校核需安装的门、窗洞口尺寸标高是否符合设计要求,是否做好糙底粉刷工作,如有误差应先进行剔除修正处理。因为铝合金门窗为塞口法安装,故在安装前要对洞口进行检查,要求洞口的实际尺寸应稍大于门窗框的实际尺寸,其差值应因墙面的装饰做法不同而不同,一般情况下,洞口尺寸应符合表 5.6 中的规定。

表 5.6 门、窗洞口尺寸(mm)

墙面装饰类型	宽 度	高 度	
一般粉刷面	门窗框宽度+50	窗框高度+50	门框高度+25
玻璃马赛克贴面	门窗框宽度+60	窗框高度+60	门框高度+30
大理石贴面	门窗框宽度+80	窗框高度+80	门框高度+40

门、窗洞口尺寸的允许偏差:宽度和高度为±5mm;对角线长度为±5mm;洞口下口面水平标高为±5mm;垂直度偏差为 1.5/1000;洞口中心线与建筑物基准轴线偏差为±5mm。另外,有预埋件的门、窗洞口,还要检查预埋件的位置、数量以及埋设方法是否符合设计要求,发现问题时,应及时进行处理。

(2)用水准仪抄平,用墨线在洞口内按设计要求弹好门窗安装线。洞口中线的弹法,若为多层建筑时,应从顶层一次垂吊。并核对门窗开启方向。

(3)按门窗预留洞口所需要安装的门窗分发、运输到位。搬运时要防止门窗相互撞击与磨损,不准有油污、划痕,存放时要竖直排放,下部用枕木垫离地面 100mm 以上。远离热源,不准直接受日晒、雨淋。

(4)搭设安装脚手架、临时施工电源及安全设施。

5.4.2 施工材料准备及其检查

铝合金门窗主要由铝合金型材、玻璃、五金件及附件组成。目前,常用的型材规格有 90 系列推拉窗(外框料宽 90mm)、70 系列推拉窗(外框料宽 70mm)、55 系列推拉窗(外框料宽 55mm)、38 系列平开窗(外窗框宽 38mm)、100 系列弹簧门(断面宽 100mm)等。对铝合金门窗材料的要求主要是对型材的要求。型材应是铝镁硅合金(LD31)经挤压成型,其化学成分应符合《变形铝及铝合金化学成分》(GB/T 3190—1996)的规定,机械性能应符合《铝合金建筑型材》(GB 5237.1—2004)的规定。

铝合金门窗材料氧化膜的厚度应根据使用的部位有所区别,如室内与室外相比,室外对氧化膜的要求应厚一些。根据所在的地区,对氧化膜的要求也应有所区别,如与较干燥的内陆城市相比,沿海地区由于受海风侵蚀较内陆严重,对氧化膜的要求应比内陆城市的厚一些。建筑的等级不同,对氧化膜的厚度要求往往也不一样。所以,氧化膜厚度的确定应根据气候条件、使用部位、建筑物的等级等诸因素综合考虑,既要考虑耐久性,同时也要注意经济因素,因为氧化膜厚度增加时,型材的造价也相应提高。

门窗料的断面几何尺寸目前已经系列化,但对断面的板壁厚度往往没有硬性规定。板壁的厚薄对耐久性及工程造价影响较大,如果板壁太薄易使门窗型材的表面受损或变形,相应地也影响了门窗抗风压能力;相反,如果板壁较厚,对耐久性有利,但造价也相应提高,投资效益会受到一定的影响。所以,门窗料的板壁厚度应合理,过厚、过薄都是不妥的。一般建筑所用的门窗料板壁厚度不宜小于 1.2mm,门的断面板壁厚度不宜小于 1.4mm。

此外,型材表面应清洁,无裂纹、无气泡、不起皮,不应有腐蚀斑点或氧化膜脱落等缺陷,也不允许有碰伤、擦伤。

铝合金门与窗形式差别较大,材料的准备也有所差别。一般门窗的制作施工应备好如下材料:铝型材框扇料、5mm 以上规格玻璃、2mm 厚铝角码、M4×15 沉头自攻螺钉、橡胶压条、橡胶垫块、玻璃胶、密封毛条、铝制拉铆钉、门窗五金配件(执手、定位轴销、锁钩)等。

常用铝合金门窗安装用密封材料品种如表 5.7 所示。铝合金门窗安装五金配件如表 5.8 所示。

表 5.7　常用铝合金门窗安装用密封材料品种

品　　种	特性与用途
聚氯酯密封膏	高档密封膏中的一种,适用于±25%接缝形变位移部位的密封,价格较便宜,只有硅酮、聚硫的一半
聚硫密封膏	高档密封膏中的一种,适用于±25%接缝形变位移部位的密封,价格较硅酮便宜15%~20%,使用寿命可达 10 年以上
硅酮密封膏	高档密封膏的一种,性能全面,变形能力达 50%,高强度、耐高温(−54~260℃)
水膨胀密封膏	遇水膨胀后能将缝隙填满
密封带	用于门窗框与外墙板接缝密封
密封垫	用于门窗框与外墙板接缝密封
膨胀防火密封件	主要用于防火门
底衬泡沫条	和密封胶配套使用,在缝隙中它能随密封胶形变而形变
防污纸质胶带纸	贴于门窗框表面,防止嵌缝时被污染

表 5.8　铝合金门窗安装五金配件

品　　种	用　　途
门锁(双头通用门锁)	配有暗藏式弹子锁,可以内外启闭,适用于铝合金平开门
勾锁(推拉式门锁)	分单面、双面两种形式,可作推拉式门、推拉式窗的拉手和锁闭器用(带锁式)
暗插锁(扳动插锁)	适用于铝合金弹簧门(双扇)及平开门(双扇)用
滚轮(滑轮)	适用于推拉式门、窗(90 系列、70 系列及 55 系列等),可承载门窗扇在滑轮中运行,常与勾锁或半月形执手配套使用
半月形执手(半月锁紧件)	有左、右两种形式,适用于推拉窗的扣紧
滑撑铰链(滑移铰链或平行铰链)	能保存窗扇开启在 0°~90°或 0°~60°之间自行定位,可作横向或竖向窗扇滑移使用
铝窗执手	适用于平开式、上悬式铝窗的启闭
联动执手	适用于密闭式平开窗的启闭,能在窗扇上、下两处联动扣紧
地弹簧	装置于门扇下部的一种缓速自动闭门器

5.4.3　施工工具准备

铝合金门窗安装使用的主要机具有电钻、射钉枪、电焊机、线锯、角尺、水平尺、螺丝刀、扳手、手锤、铝合金型材切割机、手电钻、$\phi8$ 圆锉刀、$R20$ 半圆锉刀、划针、铁角圆规、冲击电锤、玻璃吸手、打胶枪、吊线锤等。部分工具如如图 5.8 所示。

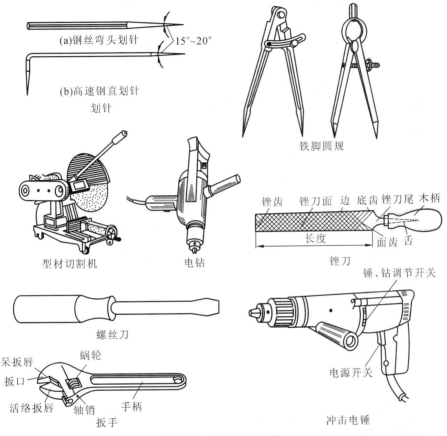

图 5.8　部分施工机具

5.4.4　施工结构图示及施工说明

铝合金门窗框料的组装是利用转角件、插接件、紧固件组装成扇和框。铝合金门窗框的组装多采用直插,很少采用 45°斜接,直插较斜接牢固简便,加工简单。门窗的附件有导向轮、门轴、密封条、密封垫、橡胶密封条、开闭锁、拉手、把手等。门扇一般不采用合页开启。

5.4.4.1　铝合金推拉门、窗的结构特点

铝合金推拉窗的结构特点是它们由不同断面型材组合而成。上框为槽形断面,下框为带导轨的凸形断面,两侧竖框为另一种槽形断面,共 4 种型材组合成窗框与洞口固定。窗扇由 5 种断面型材组成,其中一扇的竖料带挡风条和开闭锁,窗扇下部有滚轮沿下框导轨滑动,窗扇上部有尼龙圆头钉在上框槽内起导向作用。两个窗扇关闭后中部重叠处及上下左右均有密封尼龙条与窗框保持密封。塑料垫块是闭合时作为窗扇的定位装置,如图 5.9 所示。

铝合金推拉门多用于内门,其构造见图 5.10。

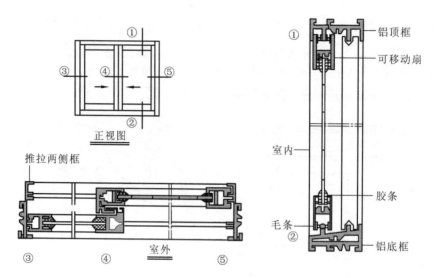

图 5.9　铝合金推拉窗构造

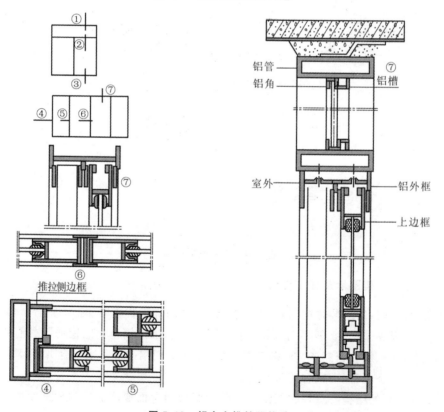

图 5.10　铝合金推拉门构造

5.4.4.2　铝合金平开门、窗的结构特点

平开窗的结构与一般窗的相近,四角连接为直插或 45°斜接,必须采用铝合金或不锈钢合页,螺钉为不锈钢螺钉,也可以用上下转轴开启,构造做法如图 5.11 所示。

铝合金平开门的开启一般采用地弹簧装置,其构造做法如图 5.12、图 5.13 所示。

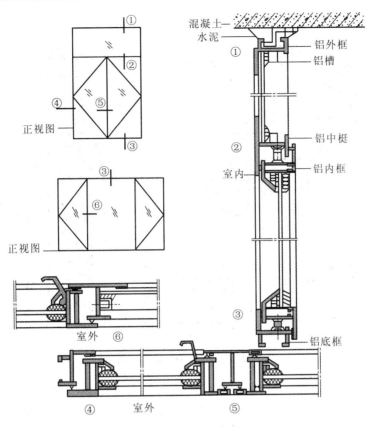

图 5.11　铝合金平开窗构造

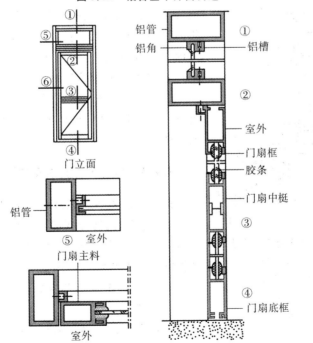

图 5.12　铝合金平开门构造

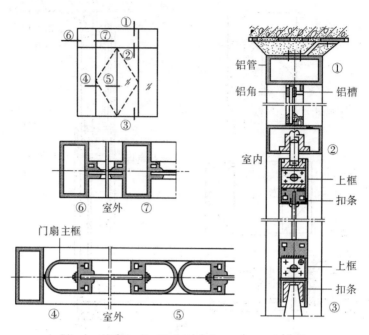

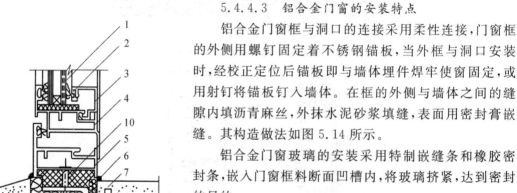

图 5.13　铝合金弹簧门构造

5.4.4.3　铝合金门窗的安装特点

铝合金门窗框与洞口的连接采用柔性连接,门窗框的外侧用螺钉固定着不锈钢锚板,当外框与洞口安装时,经校正定位后锚板即与墙体埋件焊牢使窗固定,或用射钉将锚板钉入墙体。在框的外侧与墙体之间的缝隙内填沥青麻丝,外抹水泥砂浆填缝,表面用密封膏嵌缝。其构造做法如图 5.14 所示。

铝合金门窗玻璃的安装采用特制嵌缝条和橡胶密封条,嵌入门窗框料断面凹槽内,将玻璃挤紧,达到密封的目的。

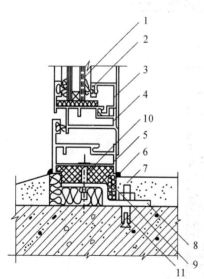

图 5.14　铝合金门窗安装节点构造图

1—玻璃;2—橡胶条;3—压条;
4—内扇;5—外框;6—密封膏;
7—砂浆;8—地脚;9—软填料;
10—塑料垫;11—膨胀螺栓

5.4.5　施工工艺流程及其操作要点

铝合金门窗按开启方式分为推拉式(手动或电动)、平开式、电动式、悬挂式、旋转式等。以平开式、推拉式居多。现以平开、推拉门窗为例,分别叙述铝合金门、窗制作安装工艺流程和操作要点。

5.4.5.1　铝合金门窗制作工艺和操作要点

1.工艺流程

铝合金型材下料→钻孔(开榫)→铝合金门窗框组装→铝合金门窗扇组装。

2.操作要点

(1)铝合金型材下料

在一般装饰工程中,铝合金门窗无详图设计,仅给出洞口尺寸和门扇划分尺寸,其余按扇数均分调整大小。下料前先要正确计算框、扇的下料长度,再用划针画线。下料必须准确,误差值应控制在 2mm 以内,否则会造成材料浪费或无法安装。下料原则是:竖梃通长满门扇高度尺寸,横档截断,即按门扇宽度减去两个竖梃宽度。下料应用铝合金型材切割机,切割机的刀口位置应在画线外侧。

(2)钻孔(开榫)

钻孔前确定好孔眼位置,通常孔眼位置是有横竖料相连接的部位。钻孔时应有模子配合角码试装于门窗料上,角码和门窗料一并钻孔,以确保孔位正确无误。如图 5.15 所示。

(3)铝合金门窗框组装

门窗框的组装可分为榫接装配和自攻螺钉连接装配。自攻螺钉连接又可分为带连接角码和不带连接角码两种。通常,带连接角码连接用于扁方管型材(如带亮子)的拼装,铝角码多采用厚度为 2mm 左右的直角铝角条,每个角码需要多长就切割多长。角码的长度最好能同扁方管内宽相符,以免发生接口松动现象,如图 5.16 所示。而不带连接角码连接则用于有滑槽的框料连接,如图 5.17 所示。榫接是另一种常用的框料连接方式,如图 5.18 所示。需注意的是,榫头、榫眼、榫肩的尺寸要准确,加工要细致,框料上所有榫头、榫眼加工完毕,先上好密封胶条,再组装连接,最后在对口处打玻璃胶封口。

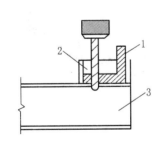

图 5.15   安装前的钻孔方法示意图

1—角码;2—模子;3—扁方管

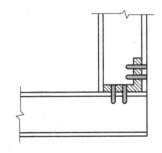

图 5.16   上亮扁方管连接示意图

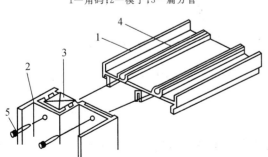

图 5.17   窗框上滑部分的连接组装示意图

1—上滑道;2—边封;3—碰口胶垫;

4—上滑道上的固紧槽;5—自攻螺钉

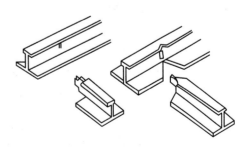

图 5.18   横竖框料榫接示意图

（4）门窗扇组装

门窗扇的组装中，推拉门窗扇的组装较为复杂。现以推拉窗为例，说明组装过程和操作要点。具体分六个步骤进行：

第一步，先在门窗框的边框和带钩边框上、下两端处进行切口处理，以便将上、下横档插入其切口内进行固定。

第二步，在下横框底槽安装滑轮，每条下横档的两端各装一只滑轮。安装方法如下：把铝窗滑轮放进下横档一端的底槽中，使滑轮框上有调节螺钉的一面向外，该面与下横档端头边平齐，在下横档底槽板上画定位线，再按定位线的位置在下横框底槽上钻两个 $\phi 4.5$ 的孔，然后用滑轮配套螺丝将滑轮固定于底槽内。

第三步，连接固定窗扇下横框与窗扇边框。在窗扇边框和带钩边框与下横档衔接处画线打孔，如图 5.19 所示。孔有三个，上下两孔为固定孔，孔径 4.5mm，中间一孔为工艺孔，孔径 8mm，起调节底部滑轮的作用，这些孔均用沉头自攻螺钉拧入，再用圆锉在边框和带钩边框固定孔位置下边的中线处锉出一个 $\phi 8$ 的半圆凹槽，此半圆凹槽是为了防止边框与窗框下滑道上的滑轨相碰撞。

第四步，安装上横框角码和窗扇钩锁。其方法是截取两个角码，用角码在上横框与边框连接固定，在边框上适当位置画出锁孔尺寸并开洞，开口的一面必须是窗扇安装后面向室内的面，而且窗扇有左右之分，所以开口位置要特别注意，不要开错。同时在侧面开 $\phi 25$ 的钩锁插入孔，如图 5.20 所示；

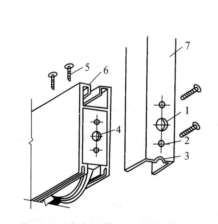

图 5.19　窗扇下横框安装示意图（一）
1—调节滑轮；2—固定孔；3—半圆槽；4—调节螺钉；
5—滑轮固定螺钉；6—下槽框；7—边框

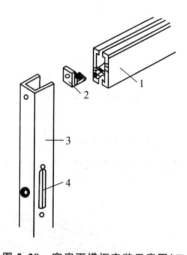

图 5.20　窗扇下横框安装示意图（二）
1—上横框；2—角码；3—窗扇边框；4—窗锁洞

第五步，在门窗扇的上、下横框及边框内安装密封毛条。窗扇上的密封毛条有两种：一种是长毛条，一种是短毛条。长毛条装于上横档顶边的槽内以及下横档底边的槽内，而短毛条是装于带沟边框的钩部槽内。

第六步，将亮子和窗框上滑道用自攻螺钉连接。

整个安装过程中，应随时检查和调整门窗扇的方正，并校正螺孔位置的准确性。

5.4.5.2 门窗安装施工和操作要点

1.安装施工流程

虽然在不同铝合金门窗安装的具体构造上稍有差别,但基本安装流程都是:

放线→固定门窗框→填缝→门窗扇就位→玻璃安装。

2.操作要点

(1)放线

弹线找基准、检查门窗洞口。多层建筑在最高层找出门窗口的位置后,以门窗的边线为准,用大线坠将门窗边线下引,并在各层的门窗口处画出标记,发现不直的口边立即进行剔凿处理至合乎要求为止。门窗口的水平位置应以楼层墙上的500mm水平线为基准往上,量出窗的下皮标高,并弹线找直。一个房间应保持窗的下皮标高一致,每一楼层窗的下皮标高也要一致。

高层建筑在最高层门窗口位置找出后,分别用经纬仪将窗两侧直线打到墙上,窗的下皮标高线仍按上述方法找平。因为铝合金门窗为塞口法安装,故在安装前要对洞口进行检查,要求洞口的实际尺寸应稍大于门窗框的实际尺寸,具体尺寸应以墙面内外装饰层不覆盖门窗框料为原则。安装有地弹簧的平开铝合金门时,要确保地弹簧顶面标高与地面饰面标高一致。

(2)固定门窗框

按弹线确定的位置将门窗框安装就位,吊垂直、找平后用木楔临时固定。

铝合金门窗框与墙体的固定方法有三种:一是将门窗框上的拉接件与洞口墙体的预埋钢板或剔出的结构钢筋(非主筋)焊接牢固;二是将门窗框上的拉接件与洞口墙体用射钉固定;三是沿门窗框外侧墙体上用电锤打孔,孔径为6mm,孔深为60mm,然后将L形的直径为6mm、长度为40～60mm的钢筋蘸水泥砂浆插入孔内,待固定后再将钢筋与门窗框连接铁件焊接。无论采用哪一种固定方法,门窗框与洞口墙体的连接点距门窗角的距离都不应大于180mm,连接件之间的距离应小于600mm。固定安装节点如图5.21所示。

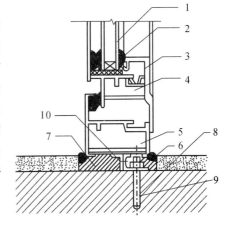

图5.21 铝合金窗安装节点示意图
1—玻璃;2—橡胶条;3—压条;4—内扇;
5—外框;6—密封膏;7—保温材料;
8—膨胀螺栓;9—铆钉;10—塑料垫

(3)填缝

铝合金门窗框与墙体之间的缝隙严禁用腐蚀性强的水泥砂浆填塞,在封缝前要再进行平整和垂直度等安装质量的复查,确认符合安装精度要求后,再将框的四周清扫干净,先分层填塞适当的保温和密封材料,如矿棉或泡沫胶,要注意将保温或密封材料填实,然后再用嵌缝膏将缝隙表面抹平。封缝时,要注意不要直接碰撞门窗框,以免造成划痕或变形。

(4)门窗扇就位安装

由于门窗扇与框是按同一洞口尺寸制作的,所以,一般情况下门窗扇都能较顺利地安装上,但要求周边密封,启闭灵活。门窗扇安装应在室内外装饰基本完成后进行。

推拉窗扇的安装主要是先拧边框一侧的滑轮调节螺丝,使滑轮向下横框内回缩,然后顶起窗扇,使窗扇上横框进入框内,再调节滑轮外伸使其卡在下框滑道内。

平开门窗扇的安装,应先将合页按要求的位置固定在铝合金门窗框上,然后将门窗扇嵌入框内临时固定,待调整合适后,再将门窗扇拧固在合页上,但必须保证上、下两个转动的部分在同一轴线上。

弹簧门扇的安装,应先将地弹簧埋设在地面上,并浇筑1:2的水泥砂浆或细石混凝土使其固定。要保证门扇上横框的定位销孔与地弹簧的转动轴在同一轴线,安装时先将地弹簧转轴拧至门开启位置,套上地弹簧连接杆,同时调节上横框的转动定位销,待定位孔销吻合后将门合上,调出定位销固定。最后调整好门扇的间隙及门扇开启的速度。

(5)玻璃安装

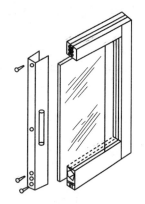

图 5.22　推拉窗扇玻璃安装示意图

铝合金门窗上常用的玻璃有有机多彩玻璃、宝石蓝玻璃、热反射玻璃、中空保温玻璃、夹丝玻璃、茶色玻璃、吸热玻璃、钢化玻璃、白光玻璃和曲面玻璃等。铝合金门窗所用玻璃的厚度都在 4mm 以上,中空玻璃厚度一般为 10～20mm,按设计要求在专业工厂中制作,然后运至现场。一般玻璃都在现场按实际要求的尺寸进行裁割。玻璃的安装通常是从边框一侧装入,然后再紧固好边框,如图 5.22 所示。玻璃安装前,应先清扫槽框内的杂物,排水小孔要清理通畅。大块玻璃安装前,槽底要加胶垫,胶垫距竖向玻璃边缘应大于 150mm。玻璃就位后,前后面槽用胶块垫实,留缝均匀,再扣槽压板,然后用胶轮将硅酮系列密封胶挤入溜实或用橡胶条压入挤严封固。

吸热玻璃安装时,在玻璃与框之间的间隙中嵌入发泡聚氯乙烯等具有独立密封气泡的隔热材料。

平开窗的小块玻璃用双手操作就位;单块玻璃尺寸较大时,可以使用玻璃吸盘就位。玻璃就位后应立即以橡胶条固定。为了保证胶条对玻璃的挤紧和固定作用,安放玻璃时应置于门窗型材凹槽的中间,内外两侧的间隙应不窄于 2mm,但也不要超过 5mm,否则将会影响到固定和密封的作用。

门窗扇下部凹槽内预先放置的橡胶垫,是为了防止玻璃膨胀而造成型材变形,另外,因玻璃不直接与铝合金型材接触,一旦受震动后橡胶垫尚可起缓冲的作用。

铝合金门窗玻璃安装完毕,要统一进行安装质量检查,确认符合安装精度要求后,将型材表面的胶纸保护层撕掉。如发现型材表面有局部胶迹且难以擦净时,可以用香蕉水清理干净,玻璃也要随之擦拭明亮、光洁后交活。

5.4.6　质量验收标准及通病防治

5.4.6.1　质量要求

铝合金门窗的质量要求主要有:

(1)窗材的壁厚不小于 1.2mm,门材的壁厚不小于 1.4mm,型材的氧化膜厚度不小于 $7\mu m$,型材必须有出厂合格证。

（2）门窗尺寸、安装位置、开启方向必须符合设计要求；门窗框安装牢固，门窗扇开关灵活、关闭严密、间隙均匀；弹簧门扇自动定位准确，开启角度为 $90°\pm1.5°$，关闭时间在 $6\sim10s$ 范围内；门窗附件应齐全，安装牢固，位置准确；框与墙体的缝隙应嵌填饱满密实，表面平整、光滑、无裂缝；安装好的门窗表面应洁净，无划痕、碰伤、锈蚀，密封胶应平整、光滑、无气孔。

（3）铝合金门窗安装尺寸允许偏差、限值和检验方法应符合表 5.9 所示。铝合金门窗安装质量要求和检验方法如表 5.10 所示。

表 5.9　铝合金门窗安装尺寸允许偏差、限值及检验方法

项次	项　目		允许偏差（mm）	检验方法
1	门窗框两对角线长度差	≤2000mm	2	钢卷尺检查量对角
		>2000mm	3	
2	平开扇　窗扇与框搭接宽度差		1	深度尺、钢板尺检查
3	同樘门窗相邻扇横端角高度差		2	拉线和钢板尺检查
4	推拉窗　门窗扇开启力限值	扇面积≤1.5m²	≤40N	用100N弹簧秤拉启5次取平均值
		扇面积>1.5m²	≤60N	
5	门窗扇与框或相邻扇立边平行度		2	1m钢板尺检查
6	弹簧门扇　门扇对口缝或扇与框之间竖、横缝留缝限值		2～4	楔形塞尺检查
7	门扇与地面间隙留缝限值		2～7	
8	门扇对口缝关闭时平整		2	深度尺检查
9	门窗框（含拼樘料）正、侧面垂直度		2	1m托线板检查
10	门窗框（含拼樘料）水平度		1.5	1m水平尺、楔形尺检查
11	门窗横框标高		5	钢板尺检查与准线比较
12	双层门窗内外框、樘（含拼樘料）中心距		4	钢板尺检查

表 5.10　铝合金门窗安装质量要求和检验方法

项次	项　目	质量等级	质 量 要 求	检验方法
1	平开门窗扇	合　格	关闭严密，间隙基本均匀，开关灵活	观察和开闭检查
		优　良	关闭严密，间隙均匀，开关灵活	
2	推拉门窗扇	合　格	关闭严密，间隙基本均匀，扇与框搭接量不小于设计要求的80%	观察和用深度尺检查
		优　良	关闭严密，间隙均匀，扇与框搭接量符合设计要求	
3	弹簧门扇	合　格	自动定位准确，开启角度为 $90°\pm3°$，关闭时间在 $3\sim15s$ 范围之内	用秒表、角度尺检查
		优　良	自动定位准确，开启角度为 $90°\pm1.5°$ 关闭时间在 $6\sim10s$ 范围之内	

续表 5.10

项次	项 目	质量等级	质 量 要 求	检验方法
4	门窗附件安装	合 格	附件齐全,安装牢固,灵活适用,达到各自的功能	观察、手扳和尺量检查
		优 良	附件齐全,安装位置正确、牢固、灵活适用,达到各自的功能,端正美观	
5	门窗框与墙体间缝	合 格	填嵌基本饱满密实,表面平整,填塞材料、方法基本符合设计要求	观察检查
		优 良	填嵌饱满密实,表面平整、光滑、无裂缝,填塞材料、方法符合设计要求	
6	门窗外观	合 格	表面洁净,无明显划痕、碰伤,基本无锈蚀;涂胶表面基本光滑,无气孔	观察检查
		优 良	表面洁净,无划痕、碰伤,无锈蚀;涂胶表面光滑、平整,厚度均匀,无气孔	
7	密封质量	合 格	关闭后各配合处无明显缝隙,不透气、透光	观察检查
		优 良	关闭后各配合处无缝隙,不透气、透光	

5.4.6.2 通病防治

(1)门窗位置不准确 原因是安装门窗前放线不准确,没有弹门窗框安装控制线,门窗就位后未楔紧临时固定木楔和调整。防治方法是放线前认真核对门窗位置,墙面应做完粉刷或冲好标筋后供门窗定位,安装时弹好门窗安装线,调整完门窗位置临时固定木楔并塞紧后立即焊接连接铁件。

(2)门窗开关不灵活或缝隙太大 原因是制作误差大,安装时钻孔定位不准,密封条规格不对和安装方法不当。防治方法是门窗制作尺寸要精确,运输、安装时要防止门窗变形,安装调节螺丝的调节量适宜,密封条规格正确,密封完整严密。

(3)带形组合门窗之间产生裂缝 横向及竖向带形窗、门之间组合杆件必须同相邻门窗套插、搭接,形成曲面组合,其搭接量应大于 8mm,并用密封胶密封,防止门窗因受冷热和建筑物变化而产生裂缝。

(4)外窗外门框边未留嵌填密封胶的槽口 门窗套粉刷时,应在门窗框内外框边嵌条外留5～8mm 深的槽口,槽口内用密封胶嵌填密封,胶体表面应压平、光洁。

(5)门窗框四周开裂松动,底部框槽积水、渗漏 原因是门窗与墙体缝隙用刚性水泥砂浆填塞,砖墙固定门窗用射钉法,底部框槽和下滑槽未打排水孔,两边竖框与底槽连接处未打胶封严。防治方法是框四周缝隙用柔性材料嵌填塞紧后再注胶封边,砖墙固定门窗框应采用预埋铁件或打膨胀螺栓,安装窗扇前必须在下部框槽两侧钻 $\phi(2\sim3)$ 的排水孔,底槽四周用玻璃胶封严。

(6)组装门窗的明螺丝未加处理 门窗组装过程中应尽量少用或不用明螺丝。如必须用明螺丝时,应用同样颜色的密封材料填埋密封。

（7）门窗表面有污染或刻划痕　　原因是没有做好成品保护，在墙面抹灰或装饰前撕掉了门窗保护膜。防治方法是铝合金门窗安装应等土建完工后进行，安装时和安装后不能立即撕掉保护膜，应等门窗扇安装全部完成且整个工程都完工时再撕。同时应注意避免硬物直接碰擦门窗。

5.4.7　成品保护

整个安装过程中框、扇上的保护膜必须保存完好；否则应先在门窗框、扇上贴好防护膜，防止水泥砂浆污染，局部受污染部位应及时用抹布擦干净。玻璃安装后应及时擦除玻璃上的胶液。门窗工程完成后若尚有土建其他交叉工作进行，则对每樘门窗务必采取保护措施，并设专人看管，防止利器划伤门窗表面，并防止电焊、气焊的火花、火焰烫伤或烧伤表面；严禁在门窗框、扇上搭设脚手板，悬挂重物，外脚手架不得支顶在框和扇的横档上等。

复习思考题

5.1　铝合金门窗常见通病有哪些？

5.2　塑钢门窗的安装工艺是什么？

5.3　门窗开关不灵活该怎么办？

5.4　怎样安装塑钢门窗框料的连接件？

5.5　怎样保护成品塑钢门窗？

5.6　如何进行塑钢门窗的检验？

5.7　铝合金门窗的施工工艺流程有哪些？

项目6 吊顶工程

1. 熟悉吊顶工程的分类,熟悉吊顶工程的相关知识;
2. 掌握轻钢龙骨的材料特性、质量检验及构造做法;
3. 掌握施工工具及其使用方法;
4. 掌握轻钢龙骨吊顶的施工工艺流程及其操作要点、质量验收标准及其通病防治方法;
5. 掌握成品保护和安全要求。

顶棚位于室内的顶界面,各种不同的顶棚形式直接反映出空间的形状。因此,顶棚的形式及构造方法的选择也直接影响到室内空间的使用和景观效果。

6.1 吊顶工程的分类及相关知识

6.1.1 吊顶的分类及组成部分

6.1.1.1 吊顶的分类

吊顶装修可采用多种材料和多种不同的结构形式,以适应不同的技术、装饰要求。

(1)吊顶按结构材料分有木结构吊顶、轻钢结构吊顶和铝合金结构吊顶。①木结构吊顶:龙骨和搁栅都采用木料,龙骨由螺栓或涂锌铁丝与楼板、大梁或屋架相连。②轻钢结构吊顶:龙骨和搁栅都采用轻型涂锌型钢构成,连接件为专用吊钩螺栓。③铝合金结构吊顶:龙骨和搁栅都采用铝合金型材,连接方式同轻钢结构。

(2)吊顶按结构形式分有直接式吊顶、悬挂式吊顶。①直接式吊顶:承重龙骨直接固定在建筑体上。②悬挂式吊顶:承重龙骨由螺栓、涂锌铅丝或特制铁件悬吊,连接铁件的长度根据结构需要而定,以适应设置空调通道、安装管道、上人修理等需要。

(3)吊顶按面板材料分有实木板吊顶、木制材料板吊顶、板条抹灰吊顶、石膏板吊顶、矿棉水泥板吊顶、金属吊顶、塑料吊顶和玻璃吊顶等。

(4)吊顶按技术要求分有保温吊顶、音响吊顶、通风吊顶和发光吊顶。①保温吊顶:在面板里侧铺设玻璃纤维棉、聚氯乙烯泡沫塑料,使吊顶具有保温、隔热作用。②音响吊顶:面板采用多孔吸声材料,如木丝板、矿物纤维板等,使吊顶具有吸收声波、反射声波的功能。③通风吊顶:在吊顶面板上开孔,连接通风管道,将新鲜空气由空间向下压送。④发光吊顶:在吊顶内装有照明设施,通常有反光灯槽照明、吊顶内照明和吊顶外照明等表现形式。

(5)按吊顶的外观来分有平滑式顶棚、井格式顶棚、分层式顶棚、折板式顶棚、悬浮式顶棚。①平滑式顶棚:顶棚表面呈较大的平面或曲面,常给人一种博大感。这类顶棚对于中小型民用建筑可直接利用原有结构顶棚加以简单装修形成;对于大面积室内空间,也可以做悬吊式顶棚,即离开结构层一定距离再做一层顶棚,灯具、通风口及扩音系统就布置在其中。②井格式顶棚:一般是楼盖或屋盖采用井格式经抹灰或其他装修而成,灯具、通风口或石膏花饰可以布置在格子中间或交叉点处。③分层式顶棚:将顶棚分成不同标高的两层或几层,即成为分层式顶棚。在室内空间有时为了取得均匀柔和的光线和良好的声学效果,可采用高低不同的顶棚形成暗灯槽;有时为了强调和突出室内空间某一部分的高大,则降低另外一部分顶棚来对比和衬托,使主要部分显得庞大,次要部分亲切宜人,在这些情况下都可以采用分层顶棚。分层顶棚简洁大方,并可与音响、照明、通风等要求自然结合,使室内空间丰富而有变化,重点突出。④折板式顶棚:对声学、照明设计有一定要求的使用空间,如影剧院、观众厅,可采用各种形式的折板作为顶棚。⑤悬浮式顶棚:将顶棚的面层采用悬吊物装饰,如织物、葡萄架等各种金属或塑料格片。

6.1.1.2 吊顶的组成

吊顶顶棚是由支承部分、基层部分、面层部分组成的。

1. 支承部分

支承部分又称为承载部分,它要承受饰面材料的重量和其他荷载(顶面灯具、消防设施、各种饰物、上人检查和自重等),通过吊筋传递给屋架或楼板等主体结构上。组成支承部分的主要骨架构件是承载龙骨,又称为主龙骨或大龙骨,有木制和轻金属两种,一般设置在垂直于桁架(悬挂在屋架下的顶棚)方向,间距在 1.5m 左右。主龙骨与吊筋(吊杆)相连接,吊筋可以是光圆的普通碳钢、小截面的型钢,也可以用方木。与主龙骨的连接方法有螺栓拧固、焊接、钩挂或钉固。在一些古建筑物或老式的房间吊顶工程中,主龙骨有时直接用檩条代替,次龙骨则用吊筋悬挂在檩条下方。

(1)木龙骨吊顶的支承部分

木龙骨吊顶支承多是在木屋架下面,现代建筑物都是在钢筋混凝土楼板下面吊顶。如以木龙骨作为吊顶的支承部分,其做法是:先在混凝土楼板内预埋的钢筋圆钩上穿 8 号镀锌低碳钢丝,吊顶时用它将主龙骨拧牢;或用 $\phi8\sim\phi10$ 的吊筋螺栓与楼板缝内的预埋钢筋焊牢,下面穿过主龙骨拧紧并保持水平,但楼板缝内的预埋钢筋必须与主龙骨的位置一致;也可以采用光圆的普通碳钢作吊杆,上端与预埋件焊接牢固,下端与主龙骨用螺栓连接;轻型吊顶,无保温、隔声要求时,还可以采用干燥的木杆,端头与方木主梁及木屋架用木钉子钉固。木龙骨金属网顶棚吊顶的主龙骨一般用 80mm×100mm 的方木与吊筋绑扎牢固。木屋架下面的板条顶棚吊顶时,主龙骨的截面尺寸和间距大小要根据设计要求确定,若无设计要求时,主龙骨可以采用 50mm×70mm 的方木,间距为 1m 左右;楼板下面做板条顶棚吊顶时,主龙骨的固定方法是:在楼板缝上垂直于拼缝的方向按主龙骨的间距摆放短钢筋,在每根钢筋处用 $\phi4$ 的镀锌钢丝绕过钢筋从板缝中穿下,将主龙骨置于楼板下方,摆好间距及位置,逐个用镀锌钢丝绑扎牢固。

(2)金属龙骨吊顶的支承部分

金属龙骨包括轻钢龙骨与铝合金龙骨,吊顶的支承部分同样由主龙骨与吊筋(吊杆)组成。承载主龙骨的截面形状有 U 形、C 形、L 形和 T 形等,截面尺寸的大小取决于承受荷载的大小,间距一般为 1~1.5m。主龙骨与楼板结构或屋顶结构的连接一般是通过吊筋,吊筋数量的多少要科学、合理,考虑到龙骨的跨度和龙骨的截面尺寸,以 1~2m 设置一根较为合适。吊筋可以使用光圆的普通碳钢、型钢或吊顶型材的配套吊件。吊筋与主龙骨的连接一般使用专门加工的吊挂件或套件；与屋顶楼板或其他结构固定的方法，要看是上人的还是不上人的吊顶，可分别在楼板中预埋或焊接。

2.基层部分

悬吊式顶棚的基层部分由中龙骨(次龙骨)和小龙骨(间距龙骨)构成。

(1)木龙骨吊顶的基层部分

木龙骨吊顶的中龙骨一般选用 40mm×60mm 或 50mm×50mm 的方木，间距为 400～500mm。需要选定一面预先刨平、刨光，以保证基层平顺、饰面层的质量好。中龙骨的接头及较大节疤的断裂处要用双面夹板夹住，并要错开使用。刨平、刨光面的中龙骨一般作为底面，并要位于同一标高，与主龙骨呈垂直布置。钉固中间部分的中龙骨时要适当起拱，房间跨度为 7～10m 时，按 3/1000mm 起拱；房间跨度为 10～15m 时，按 5/1000mm 起拱。起拱高度拉通线检查一处时，其允许偏差为 ±10mm。小龙骨(间距龙骨)的规格也可以是 40mm×60mm 或 50mm×50mm 的方木，其间距为 300～400mm，用 3 英寸木钉与中龙骨钉固(1 英寸 = 25.4mm)。中龙骨与主龙骨的连接可用 80～90mm 的圆钉穿过中龙骨钉入主龙骨。

对于木龙骨金属网顶棚，为增加金属网的刚度，可以先在中龙骨上钉固 $\phi6$ 的圆钢，间距为 200mm。然后再与圆钢的垂直方向钉固金属网，并用 22 号镀锌低碳钢丝将金属网与圆钢绑扎牢固。金属网在平面上必须绷紧，相互间的搭接宽度应不小于 200mm，搭接口下面的金属网应与中龙骨及圆钢绑牢或钉固，不准悬空。

(2)轻金属龙骨吊顶的基层部分

轻钢龙骨或铝合金龙骨因其自重轻，加工成型比较方便，故可以直接用镀锌低碳钢丝绑扎或用配套连接件将主龙骨、中龙骨和小龙骨连接在一起，形成吊顶的基层部分。吊顶的基层部分施工时，应按设计要求留出灯具、风扇或中央空调送风口的位置，并做好预留孔洞及吊挂措施等方面的工作。若顶棚内尚有管道、电线及其他设施，应同时安装完毕；若管道外有保温要求时，应在完成保温工作后，统一经过验收合格，才准许做吊顶的面层。

3.面层部分

(1)木龙骨吊顶的面层部分

木龙骨吊顶所用的面层多为人造板材，如刨花板、纤维板、胶合板、纸面石膏板以及金属网与板条抹灰等。人造板材铺钉之前，要锯割成长方形或正方形等，顶面上排板是采用留缝钉固还是镶钉压条，应按设计要求确定。罩面板的安装一般是由中间向四周对称排列。所以，安装前应按分块尺寸弹线，保证墙面与顶棚交接处接缝交圈一致。面板铺钉完毕后，必须保证连接牢固，表面不准出现翘曲、脱层、缺棱掉角和折裂等缺陷。板面若布设电器底座，应嵌装牢固，底座的下表面应与面板的底面平齐。面板与龙骨的固定方法多为钉固，圆钉的长度应不小于 30mm，钉距控制在 80～150mm。钉固前应先用打钉机将钉帽砸扁，要顺木纹钉入，钉帽应入板面 1～1.5mm，然后用油性腻子腻眼、找平。面板若为硬质纤维板时，板子应先用水浸透，待晾干后才能安装；用刨花板、木丝板作面板时，钉固用钉子的长度要超过板厚的 2 倍，还要加用铁皮垫圈。木屋架下的木龙骨板条吊顶，板条排列应与中龙骨垂直，所有板条的接头应枕在中龙骨上，不准悬空，且板条之间的间隙应为 7～10mm，板条端部间隙为 3～5mm，接头要分段交错布置，以加强龙骨架的整体刚度，不致造成抹灰后饰面层开裂。板条的厚度为 7～10mm，宽度不超过 35mm。铺钉时,板条的纯棱应向里侧钉固,不准使用厚度相差太多的板条。板条钉固完毕,板面应平整,没有翘曲和松动的现象。抹灰时要将板缝填满灰浆。罩面灰抹完后,应不显板缝和板条接头的痕迹。

(2)轻金属龙骨吊顶的面层部分

轻金属龙骨吊顶的面层属于预制拼装的吊顶装饰施工。这种吊顶的面层都是选用质量轻、吸声性能及装饰功能好的新型板材,如矿棉吸声板、石膏纤维装饰吸声板、钙塑泡沫装饰吸声板和聚苯乙烯泡沫装饰吸声板等。用这些板材作吊顶的面层,龙骨的布置,尤其是小龙骨的布置,应与饰面板材的规格尺寸相适应。预制饰面板材与吊顶龙骨的构造关系一般有两种:一种是龙骨外露,如图 6.1 所示;另一种是龙骨隐蔽,如图 6.2 所示。前者是将饰面板搁在龙骨的翼缘上,龙骨以框格的形式裸露在外,如常见的外露铝合金明龙骨吊顶等。后者是指龙骨被饰面板遮盖,而龙骨框格不显露,龙骨与板材的连接采用气钉钉固或自攻螺丝拧固,如图 6.2(a)所示;若饰面板为企口形状,则可以采取嵌装连接,如图 6.2(b)所示。大面积的吊顶装饰工程,还可以采用开敞式单体组合吊顶,如使用塑料片、不锈钢片等成格布置组装成顶棚饰面,使室内上部光线透过格片而形成柔和均匀的光色效果;也有利用高效能的吸声体,重复组合地悬挂在室内顶部,起到装饰和吸声的作用。

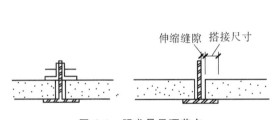

图 6.1 明龙骨吊顶节点

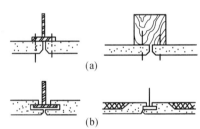

图 6.2 隐蔽龙骨吊顶节点
(a)龙骨与饰面板钉固;(b)企口板嵌装

6.1.2 吊顶的相关知识

吊顶形式多种多样,吊顶材料主要包括吊顶龙骨材料和吊顶罩面板两部分。下面就吊顶材料使用要求分别论述吊顶材料的特性。

6.1.2.1 吊顶龙骨材料

吊顶龙骨材料是吊顶工程中用于组装成吊顶龙骨骨架的最基本材料,其性能和质量的优劣将直接影响吊顶的实用性能(如防火、刚性等)。

吊顶用龙骨主要包括木骨架龙骨、轻钢龙骨、铝合金龙骨和型钢骨架龙骨等。其中,木骨架龙骨是最传统的龙骨材料,由于其防水性、耐腐蚀性、耐火性、施工制作等方面不足,已基本被新型建材所取代,仅用于简易顶棚或临时顶棚工程;而型钢骨架龙骨适用于一些质量较大的顶棚,在住宅工程中不常用。因此重点介绍目前国内外广泛采用的轻钢龙骨(用镀锌钢板轧制而成)和铝合金龙骨(用铝合金板轧制而成)。

1.吊顶轻钢龙骨

(1)特性

轻钢龙骨是采用镀锌钢板或薄钢板,经剪裁冷弯辊轧冲压而成,可分为若干型号。它与传统的木骨架相比,具有防水、防蛀、自重轻、施工方便、灵活等优点。轻钢龙骨配装不同材质、色彩和质感的罩面板,不仅改善了建筑物的声学、力学性能,也直接造就了不同的艺术风格,是室内设计的重要手段。

(2)品种

根据国内市场投入使用的年代不同及使用功能区别,目前使用的轻钢龙骨包括三大种类:U 形、C 形、L 形系列;T 形、L 形吊顶轻钢龙骨;H 形、T 形、L 形轻钢龙骨。其中 U 形、C 形、L 形轻钢龙骨在国内应用最为广泛。

(3)U 形、C 形、L 形龙骨规格

U 形、C 形、L 形吊顶龙骨按承载龙骨的规格分为四种:D38(38 系列)、D45(45 系列)、D50(50 系列)和 D60(60 系列)。此外,未列入国家标准的还有近几年国内厂家生产的 D25(25 系列),参见表 6.1。

表 6.1　U 形、C 形、L 形吊顶轻钢龙骨规格

名　　称	横截面形状类别	规　　格							
		D38		D45		D50		D60	
		尺寸 A (mm)	尺寸 B (mm)	尺寸 A (mm)	尺寸 B (mm)	尺寸 A (mm)	尺寸 B (mm)	尺寸 A (mm)	尺寸 B (mm)
承载龙骨	U 形	38		45		50		60	
覆面龙骨	C 形	38		45		50		60	
边龙骨	L 形								

注:① 规格之所以用承载龙骨的尺寸来划分,主要原因是承载龙骨是决定吊顶荷载的大小的关键。UC38 系列适用于不上人的吊顶,UC50 系列适用于偶尔上人的吊顶,UC60 系列适用于经常上人的及有重型荷载的吊顶。

② 不同规格尺寸的承载龙骨、覆面龙骨、边龙骨可以根据需要配合使用。

③ 承载龙骨、覆面龙骨的尺寸 B 没有明确规定。

④ 边龙骨的尺寸 A、B 均没有明确规定。

(4)技术指标

U 形、C 形、L 形吊顶轻钢龙骨的技术指标如表 6.2～表 6.8 所示。

表 6.2　U 形、C 形、L 形吊顶轻钢龙骨尺寸要求

项　　目			允许偏差(mm)		
			优等品	一等品	合格品
长度 L			+30 −10		
覆面龙骨	尺寸 A	A≤30	+1.0		
		A>30	−1.5		
	尺寸 B		±0.3	±0.4	±0.5
其他龙骨	尺寸 A		±0.3	±0.4	±0.5
	尺寸 B	B≤30	±1.0		
		B>30	±1.5		

表 6.3　U 形、C 形、L 形吊顶轻钢龙骨平直度要求(mm)

品　　　种	检测部位	优等品	一等品	合格品
承载龙骨 覆面龙骨	侧面和底面	1.0	1.5	2.0

表 6.4　U 形、C 形和 L 形吊顶轻钢龙骨的弯曲内角半径要求

钢板厚度(mm)	≤0.75	≤0.80	≤1.00	≤1.20	≤1.50
弯曲内角半径 R(mm)	1.25	1.50	1.75	2.00	2.25

表 6.5　U 形、C 形、L 形吊顶轻钢龙骨角度偏差要求

成型角的最短边尺寸(mm)	优等品	一等品	合格品
10~18	±1°15′	±1°30′	±2°00′
>18	±1°00′	±1°15′	±1°30′

表 6.6　U 形、C 形、L 形吊顶轻钢龙骨力学性能

项目	要　　　求	
静载试验	覆面龙骨	最大挠度≤10.0mm,残余变形≤2.0mm
	承载龙骨	最大挠度≤5.0mm,残余变形≤2.0mm

表 6.7　U 形、C 形、L 形吊顶轻钢龙骨表面镀锌量的要求

项　　　目	优等品	一等品	合格品
双面镀锌(g/m²)	120	100	80

表 6.8　U 形、C 形、L 形龙骨外观质量要求

缺陷种类	优等品	一等品	合格品
腐蚀、损伤、黑斑、麻点	不允许	无较严重的腐蚀、损伤、麻点,面积不大于 1cm² 的黑斑每米长度内不多于 5 处	

　　U 形、C 形和 L 形吊顶轻钢龙骨的外形要平整、棱角清晰,切口不允许有影响使用的毛刺和变形。镀锌层不允许有起皮、起瘤、脱落等缺陷。对于腐蚀、损伤、黑斑、麻点等缺陷的要求,参见表 6.8。

　　2.吊顶铝合金龙骨

　　(1)特性

　　与轻钢龙骨相比,铝合金龙骨具有以下几个特点:①质量轻,其比密度仅为轻钢龙骨的1/3;②加工尺寸精度高,装配性能好,并节约材料;③装饰效果更佳,可以采用镀膜工艺形成银白色、古铜色等多种效果;④应用形式更加灵活,既可用于明龙骨吊顶,又可用于暗龙骨吊顶。

　　(2)品种

　　国内从 20 世纪 80 年代开始应用铝合金龙骨,目前品种包括:T 形、L 形铝合金龙骨;Y

形、T形、L形吊顶铝合金龙骨;S形、L形吊顶铝合金龙骨。

(3)技术性能

铝合金龙骨目前尚无国家标准,技术指标主要参考产品技术资料。

6.1.2.2　顶棚装饰材料

室内顶面是室内空间重点装饰部位,顶棚的造型、饰面材料,对室内装饰整体效果颇有影响,其中,顶棚装饰材料的选用对吊顶效果影响较大。在住宅工程中,顶棚装饰材料既要满足不同房间的使用功能,如厨房防潮功能、卫生间防水功能、起居室吸声功能等,同时又要保证装饰效果及耐久、安全等性能。

顶棚装饰材料品种很多,它包括普通纸面石膏板、装饰石膏板、嵌装装饰石膏板、玻璃棉及矿棉装饰吸声板、珍珠岩及膨胀珍珠岩装饰板、塑料装饰顶棚板、纤维水泥加压板、软木装饰板、玻璃及金属顶棚板等。同时,顶棚的材料不断推陈出新,向着多功能、复合性、装配化方面发展。

1.普通纸面石膏板

(1)特性

普通纸面石膏板具有轻质、耐火、耐热、隔热、隔声、低收缩和较高的强度等优良的综合物理性能,还具有自动微调室内湿度的作用,又具有良好的可加工性能。

(2)品种

纸面石膏板按性能可分为三种:普通纸面石膏板、耐火纸面石膏板、耐水纸面石膏板。

(3)技术性能

纸面石膏板根据不同质量等级,其尺寸偏差、含水率、单位面积质量、断裂荷载、护面纸与石膏芯的粘结及外观质量要求不同,详见表6.9～表6.13。

表 6.9　纸面石膏板外形尺寸要求(mm)

项目	优等品	一等品	合格品
长度	0 −5	0 −6	
宽度	0 −4	0 −5	0 −6
厚度	±0.5	±0.6	±0.8
楔形棱边深度	0.6～2.5		
楔形棱边宽度	40～80		

表 6.10　纸面石膏板含水率规定(%)

优等品、一等品		合格品	
平均值	最大值	平均值	最大值
2.0	2.5	3.0	3.5

表 6.11 纸面石膏板单位面积质量规定（kg/m²）

板厚(mm)	优等品		一等品		合格品	
	平均值	最大值	平均值	最大值	平均值	最大值
9	8.5	9.5	9.0	10.0	9.5	10.5
12	11.5	12.5	12.0	13.0	12.5	13.5
15	14.5	15.5	15.0	16.0	15.5	16.5
18	17.5	18.5	18.0	19.0	18.5	19.5

表 6.12 纸面石膏板的断裂荷载指标（N）

板厚(mm)		优等品		一等品、合格品	
		平均值	最小值	平均值	最小值
9	纵向	392	353	353	318
	横向	167	150	137	123
12	纵向	539	485	490	441
	横向	206	185	176	159
15	纵向	686	617	637	573
	横向	255	229	216	194
18	纵向	833	750	784	706
	横向	294	265	255	229

表 6.13 纸面石膏板外观质量要求

波纹、沟槽、污痕和划伤等缺陷		
优等品	一等品	合格品
不允许有	允许有,但不明显	允许有,但不影响使用

纸面石膏板护面纸与石膏芯的粘结要求是:按规定的方法测定时,优等品与一等品石膏芯的裸露面积不得大于零,合格品不得大于 3.0cm²。

2.装饰石膏板

（1）特性

装饰石膏板是一种具有良好防水性能和一定保温及隔声性能的吊顶板材,该板材是以建筑石膏为主要原料,掺入适量纤维增强材料和外加剂浇铸成型,它不但可以制成平面,还可以制成有浮雕图案、风格独特的板材,具有良好的装饰效果,适用于住宅门厅、起居室等部位的吊顶。

（2）规格

装饰石膏板一般为方板,其常用规格有两种:500mm×500mm×9mm、600mm×600mm×11mm。

（3）品种

装饰石膏板按其防潮性能可分为两种:普通装饰石膏板和防潮装饰石膏板。根据板材正面形状和防潮性能的不同,分类及代号如表 6.14 所示。按石膏板棱边断面形状来分有两种:直角形装饰石膏板和倒角形装饰石膏板。

表 6.14　装饰石膏板板材分类

分类	普通板			防潮板		
	平板	孔板	浮雕板	平板	孔板	浮雕板
代号	P	K	D	FP	FK	FD

(4)技术性能

装饰石膏板技术性能如表 6.15～表 6.19 所示。

表 6.15　装饰石膏板外观尺寸要求(mm)

项目	优等品	一等品	合格品
边长	0 -2	+1 -2	
厚度	±0.5	±1.0	
不平度	≤1.0	≤2.0	≤3.0
直角偏离度	≤1	≤2	≤3

表 6.16　装饰石膏板单位面积质量指标(kg/m²)

板材代号	厚度(mm)	优等品		一等品		合格品	
		平均值	最大值	平均值	最大值	平均值	最大值
P、K、FP、FK	≤9	≤8.0	≤9.0	≤10.0	≤11.0	≤12.0	≤13.0
	≤11	≤10.0	≤11.0	≤12.0	≤13.0	≤14.0	≤15.0
D、FD	≤9	≤11.0	≤12.0	≤13.0	≤14.0	≤15.0	≤16.0

表 6.17　装饰石膏板含水率指标(%)

优等品		一等品		合格品	
平均值	最大值	平均值	最大值	平均值	最大值
≤2.0	≤2.5	≤2.5	≤3.0	≤3.0	≤3.5

表 6.18　装饰石膏板吸水率、受潮挠度指标

项目	优等品		一等品		合格品	
	平均值	最大值	平均值	最大值	平均值	最大值
吸水率(%)	≤5.0	≤6.0	≤8.0	≤9.0	≤10.0	≤11.0
受潮挠度(mm)	≤5	≤7	≤10	≤12	≤15	≤17

表 6.19 装饰石膏板的断裂荷载要求(N)

板材代号	优等品		一等品		合格品	
	平均值	最大值	平均值	最大值	平均值	最大值
P、K、FP、FK	≥176	≥159	≥147	≥132	≥118	≥106
D、FD	≥186	≥168	≥167	≥150	≥147	≥132

装饰石膏板的外观质量要求是:装饰石膏板正面不应有影响装饰效果的气泡、污痕、缺角、色彩不均匀和图案不完整等缺陷。

3.PVC 塑料扣板

(1)特点

塑料装饰扣板以聚氯乙烯(PVC)为主要原料,加入稳定剂、加工改性剂、颜料等助剂,经捏合、混炼、造粒、挤出定型制成。产品具有表面光滑、硬度高、防水、防腐蚀、隔声、不变形、不热胀冷缩、色泽绚丽、富有真实感等特点。在住宅工程中,厨房、卫生间及公用部位中使用相当普遍。

(2)品种

PVC 塑料扣板按颜色、图案划分有较多品种,可供选择的花色品种有乳白、米黄、湖蓝等,图案有昙花、蟠排、熊竹、云龙、格花、拼花等。

(3)规格

PVC 塑料扣板包括方板和条板两种,方板一般规格为 500mm×500mm,厚度一般为 4mm。

(4)技术指标

PVC 塑料扣板技术指标如表 6.20 所示。

表 6.20 PVC 塑料扣板技术指标

表观密度(kg/m³)	130～160	导热系数[W/(m・K)]	0.174
抗拉强度(MPa)	28	耐热性(不变性)	60℃
吸水性(kg/m²)	<0.2	阻热性	氧指数>30

4.金属装饰板

(1)特点

金属板是目前比较流行的一种顶棚装饰材料,它由薄壁金属板经过冲压成型、表面处理而成,用于住宅室内装饰,不仅安装方便,而且装饰效果非常理想。金属材料是难燃材料,用于室内可以满足防火方面要求,而且金属板经过穿孔处理,放置声学材料后又能够很好地解决声学问题,因此金属装饰板是一种多功能的装配化程度高的顶棚材料。

(2)品种

金属装饰板按材质分有铝合金装饰板、镀锌钢装饰板、不锈钢装饰板、铜装饰板等;按性能分有一般装饰板和吸声装饰板;按几何形状分有长条形、方形、圆形、异形板;按表面处理分有阳极氧化、镀漆复合膜等;按孔心分有圆孔、方孔、长圆孔、长方孔、三角孔等;按颜色分有铝本色、金黄色、古铜色、茶色、淡蓝色等。从饰面处理、加工及造价角度考虑,目前流行的为铝合金装饰板,在一般住宅装饰中较符合人们的购物心理,物美价廉。

（3）规格

铝合金装饰板在规格方面变化较多，就住宅装饰而言，一般有长条形、方形两种。长条形长度一般不超过 6m，宽度一般为 100mm，铝板厚度在 0.5～1.5mm 之间；厚小于 0.5mm 的板条，因刚度差、易变形而用得较少，厚度大于 1.5mm 的板用得也比较少。而方形板的规格一般为 500mm×500mm，厚度一般为 0.5mm。

（4）技术指标

铝合金装饰板延伸率为 5%；抗拉强度为 90.0MPa；腐蚀率为 0.0015mm/年；镀膜厚度一般不小于 6 μm。

6.2　轻钢龙骨吊顶施工要求及步骤

6.2.1　施工前必备条件及应注意的问题

（1）顶棚装饰施工必须在下列工作完成之后进行：

① 室内湿作业必须完工，顶棚内的所有暗埋电气布线、空调、消防报警、给排水及通风管道系统等已安装完毕并调试合格。

② 屋面防水施工和主体结构施工完毕且通过验收，门窗安装、室内楼（地）面粗装饰完成。

③ 现浇或预制楼板中预留好吊筋，间距符合设计要求；四周墙内吊顶位置预留好防腐木砖，标高、间距符合要求。

④ 现场搭设好脚手架，高度应合适。

（2）顶棚上的重型灯具、吊扇、空调进出风口等，一般不得由顶棚龙骨直接承载，而必须单独与结构层固定。

（3）确定顶棚施工标高是顶棚装饰工程施工前的一项重要内容。标高线位置正确与否将直接影响其他配套工序的顺利施工；同时，由于顶棚上部常常有设备、管道、灯具吊点等，所以施工前应认真检查以上设施是否满足顶棚设计标高线的要求，如有矛盾，应及时调整标高线。

顶棚标高控制线可用简易水柱法确定，具体操作方法是：取一根长 5～6m、直径 15～25mm 的透明塑料软管，向管内注满水；在墙面基准线（墙面 500mm 线或地平基准线）某一点开始向上量出顶棚施工标高线位置，将透明塑料软管一端的水平面对准该点，使透明塑料软管的另一端置于同侧墙面的另一位置，当管内水平面静止不动时，用笔标出另一端软管的水平面的位置，把这两点连接起来所得到的线即为顶棚的施工标高线，如图 6.3 所示。用同样的方法即可依次确定其他墙面顶棚的施工标高控制线。

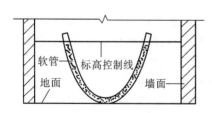

图 6.3　水平标高线的确定方法

必须注意的是，同一个层面施工现场基准高度线只能用一个点为参照标准。

6.2.2　施工材料准备及其要求

（1）按设计图纸要求选用的合格轻钢龙骨系列主体及配件、质量应符合设计要求，同时应符合国家现行的技术标准,规格、数量应满足施工要求。

(2)罩面板(纸面石膏板)的规格、类型及质量要求应符合设计要求,同时应符合国家现行的技术标准。

(3)备好所有固定用材料,如水泥钉、射钉、膨胀螺栓、自攻螺丝等,规格也应符合施工要求;此外还有连接吊杆(吊筋)等。吊顶工程中的预埋件、连接件、钢筋吊杆和型钢应进行防锈处理。

(4)对局部采用的造型板(大心板)的甲醛含量进行复检,检查结果应符合国家环保规定要求。

(5)对钻孔的木楔要进行防腐处理。

6.2.3 施工工具的准备

(1)常用的施工机具有电锤、自攻枪(风动打钉枪)、空气压缩机、电焊机、手提式电刨、电动磨光机、手电钻、射钉枪、铆钉枪、曲线锯等。

(2)常用的手工工具有画线笔、墨斗、角尺、卷尺、水平尺、线坠、锤子等。

(3)专用的施工机具有电动剪、型材切割机、电动螺丝刀等。

6.2.4 施工结构图示及施工说明

1.T 形轻钢龙骨吊顶构造说明

T 形轻钢龙骨吊顶的龙骨截面呈倒 T 形,顶棚表面为大小统一的方格,使人感到整洁、美观。灯具、通风口、上人孔均可分别布置在不同的方格内,检查、维修方便,不影响使用。

(1)T 形轻钢龙骨构造施工说明

T 形轻钢龙骨的安装构造分为有主龙骨和无主龙骨两种形式,如图 6.4、图 6.5 所示。有主龙骨吊顶是在结构层下面安装吊筋,吊筋连接主龙骨吊挂件,主龙骨插入吊挂件内,次龙骨用钩挂件(金属钩)与主龙骨钩挂在一起,横撑龙骨与次龙骨插接在一起,靠墙部分采用 L 形靠墙龙骨固定在墙上;无主龙骨吊顶是吊筋下面连接卡挂件,卡挂件直接将次龙骨卡挂吊起,再将横撑龙骨插入次龙骨上,其他做法与有主龙骨吊顶做法相同。

(2)T 形轻钢龙骨吊顶饰面做法施工说明

T 形龙骨面板材料可以是石膏板或石棉吸音板,安装分为活动式露明龙骨吊顶、部分露明

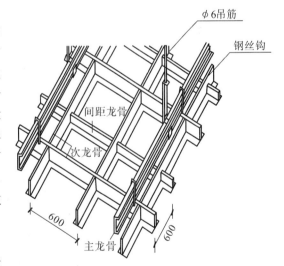

图 6.4 T 形有主龙骨吊顶示意图

龙骨吊顶和隐蔽式吊顶龙骨安装。露明龙骨顶棚的构造是将饰面板直接搁置在骨架网格的倒 T 形龙骨的翼缘上;隐蔽龙骨吊顶和半隐蔽龙骨吊顶是由于吊顶饰面板的板边做成卡口,饰面板卡入龙骨,将龙骨挡住而形成隐蔽龙骨吊顶。

2.U 形金属龙骨吊顶

U 形金属龙骨吊顶属于隐蔽龙骨,表面平整、光滑,可以与墙面形成相同的色彩与质感,

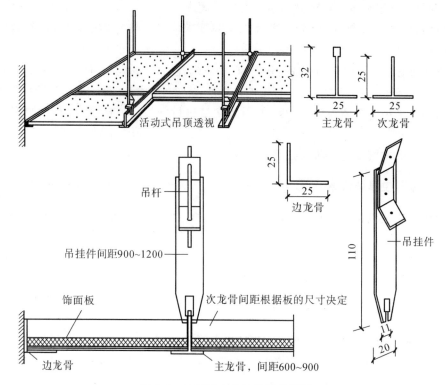

图6.5　T形无主龙骨吊顶构造图

室内的整体效果统一协调。

（1）U形金属龙骨吊顶构造

U形金属龙骨是采用镀锌钢带压制而成的，因此又称为U形轻钢龙骨，承重部分由主龙骨、次龙骨、横撑龙骨及吊挂件和连接件组成，如图6.6所示。

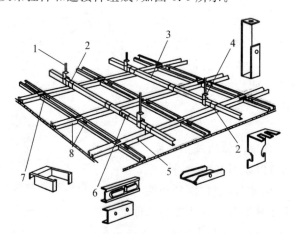

图6.6　U形、C形吊顶龙骨主、配件组合示意

1—吊杆；2—挂件；3—主龙骨；4—吊件；5—C形龙骨连接件（接插件）；
6—U形龙骨连接件；7—次龙骨；8—龙骨支托（挂插件）

按承重荷载大小可分为轻型、中型、重型三类吊顶。轻型是指不能承受上人荷载(如轻型 38 系列或无主龙骨顶棚);中型是指能够承受偶然上人荷载,铺设简易的检修马道(如中型 50 系列);重型是指可在吊顶龙骨上铺设永久的检修马道,能承受 80kg 检修荷载。不同的荷载大小应选择相应的配套系列构配件,如表 6.21 所示。主龙骨间距 800～1200mm,一般 800～ 1000mm 比较常见,次龙骨间距 500～600mm,横撑龙骨间距 500～600mm 或根据饰面板的规格确定,要求面板的接缝要在龙骨上,其构造如图 6.7 所示。为保证顶棚的水平度,消除视觉误差,当顶棚的跨度较大时,顶棚的中部应适当起拱,起拱的幅度一般为:7～10m 的跨度,按 3/1000mm 起拱;10～15m 跨度,按 5/1000mm 起拱。

表 6.21　U 型龙骨配件示意图

龙　骨	连接件	吊挂件	
(a)CS$_{60}$	(b)CS$_{60-L}$	(c)CS$_{60-1}$	(d)CS$_{60-2}$
(e)C$_{60}$	(f)C$_{60-1}$	(g)C$_{60-2}$	(h)C$_{60-3}$

(2)U 形金属龙骨吊顶饰面

U 形金属龙骨属于隐蔽龙骨,在室内没有特殊要求时,使用最广泛的饰面材料是大石膏板,其规格是 1200mm×3000mm,厚度有 9.5mm、12mm、15mm 三种,其中 12mm 和 15mm 厚度的板使用较多。石膏板的安装通常采用自攻螺钉固定,接缝处有暗缝和明缝两种处理方法。暗缝连接是在接缝处先粘贴胶带,然后刮腻子,表面刷乳胶漆或贴壁纸;明缝连接是在接缝处加嵌条盖缝。当室内有防潮要求时,可采用条形铝扣板或 PVC 条板,这两种饰面板与龙骨的连接均可采用自攻螺钉。

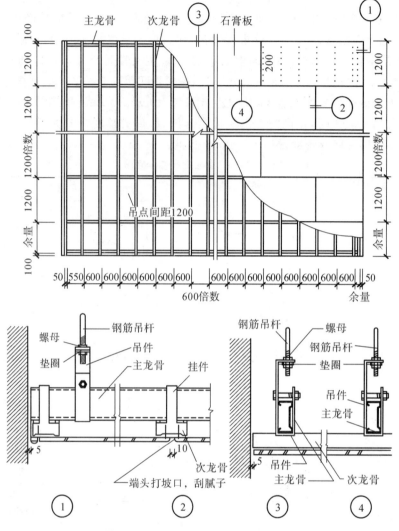

图 6.7　石膏板吊顶构造图及大样

6.2.5　施工工艺流程及其操作要点

　　轻钢龙骨吊顶的面板材料品种很多,其施工流程大同小异。本节以最为常见的轻钢龙骨纸面石膏板施工为例,进行施工工艺流程操作要点的详解。

　　1.施工工艺流程

　　弹标高线→吊杆的安装及紧固→吊杆与连接铁件涂刷防锈漆→固定边龙骨→主龙骨安装→主龙骨调平→次龙骨及横撑龙骨安装→纸面石膏板安装→板缝处理→纸面石膏板表面处理。

　　2.施工操作要点

　　(1)弹线定吊点,确定龙骨及吊点位置

　　用水平仪在四周墙柱面弹出设计标高控制线,同时弹出龙骨的标高线及分档线。根据设计图要求和现场实际情况确定吊点分布和形式,对上人吊顶和有特殊造型要求的吊顶等应视具体情况增设吊点。施工中应注意除原结构预埋吊筋(板)外,采用射钉、膨胀螺栓等方法固定吊点时,应避开吊顶内设备的消防管线及楼板缝隙。

(2)吊杆的安装及固定

吊杆是连接龙骨与屋面板的承重结构,它的形式与选用和楼板的形式及材料有关,也与吊顶质量有关,吊杆及连接铁件要刷防锈漆。吊杆一般采用圆钢或角钢。吊杆的规格尺寸应根据吊顶荷载、吊点布置及吊杆的连接固定方法来确定,要确保吊杆的安全使用。吊杆加工长短应根据连接形式不同考虑焊接搭长、捆扎长度、螺杆套丝长度等因素,吊杆的形式应方便施工、方便固定,要有调节长短的余量。吊杆与吊点的固定可采用焊接、捆绑、钩挂等形式,吊杆与轻钢主龙骨的连接是通过配套吊挂件调节和固定的。如图 6.8 所示。

常见的吊杆安装形式有以下几种:

① 在已硬化楼板上安装吊杆:在吊点的位置用冲击钻打孔固定金属膨胀螺栓(M8 的金属膨胀螺栓要用 $\phi12$ 的钻头打孔,M10 的金属膨胀螺栓要用 $\phi14$ 的钻头打孔),然后将膨胀螺栓与吊杆焊接,或用膨胀螺栓固定角钢连接件(角码),角钢连接件的下端与吊杆焊接。采用此类方法可省去预埋件,比较灵活,对于荷载较大的吊顶比较适用。如图 6.9 所示。

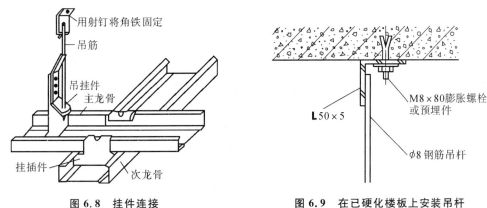

图 6.8　挂件连接　　　　　图 6.9　在已硬化楼板上安装吊杆

② 在预制板缝中安装吊杆:在预制板缝中浇灌细石混凝土或用砂浆灌缝时,在楼板上设置 $\phi10\sim\phi12$ 钢筋,将吊顶一端打弯,钩于板缝的钢筋上,另一端从板缝中抽出,抽出长度为板底到龙骨的高度再加上绑扎尺寸。如图 6.10 所示。

③ 在现浇板上安装吊杆:现浇混凝土楼板时,按吊顶间距将 $\phi10\sim\phi12$ 钢筋吊杆一端放在现浇层中,在木模板上钻孔,孔径稍大于钢筋吊杆直径,吊杆另一端从此孔中穿出。如图6.11所示。

④ 在梁上设吊杆:在框架上下弦、木梁或木条上设吊杆,$\phi10$ 或 $\phi8$ 钢筋吊杆直接挂上即可,如图 6.12 所示。

(3)边龙骨安装

边龙骨的安装应按设计要求弹线,沿墙(柱)上的水平龙骨线把 L 形边龙骨用自攻螺钉以 500~600mm 间距固定在预埋木砖上,如为混凝土墙(柱),可用射钉固定。检查边龙骨底边是否处于同一平面,并检查各吊点是否牢固,避免吊点边不均匀现象。

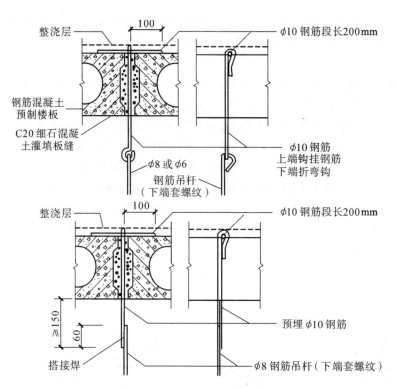

图 6.10　预制板缝中安装吊杆

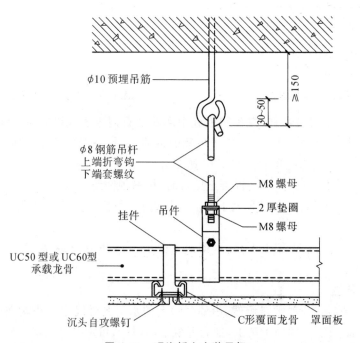

图 6.11　现浇板上安装吊杆

（4）主龙骨安装

主龙骨应吊挂在吊杆上，主龙骨与吊杆的连接应使用图 6.13 所示的配套主龙骨吊件。

主龙骨间距为 900～1000mm。UC60 型主龙骨宜平行房间横向安装，同时应起拱，起拱高度为房间跨度的 1/200～1/300。主龙骨的悬臂不应大于 300mm，否则应增加吊杆。主龙骨的接长应采取图 6.14 所示的专用接长件，相邻龙骨的对接接头要相互错开。主龙骨挂好后应调平校正。调整的方法是用 60mm×60mm 的方木按主龙骨间距钉圆钉，再将长方木条横放在主龙骨上，并用铁钉卡住主龙骨，

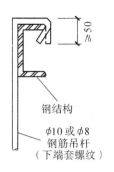

图 6.12　在梁上设吊杆

使其按规定间隔定位，方木两端要顶到墙上或梁边，再按十字和对角拉线，拧动吊杆螺栓，升降调平，调平一般按 3‰起拱。跨度大于 15m 的吊顶，应在主龙骨上每隔 15m 加一道大龙骨，并垂直主龙骨焊接牢固。

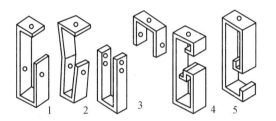

图 6.13　主龙骨的吊件

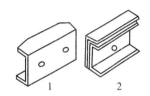

图 6.14　主龙骨接长件

如有大的造型顶棚，造型部分应用角钢或扁钢焊接成框架，并应与楼板连接牢固。吊顶如设检修走道，应另设附加吊挂系统，用 10mm 的吊杆与长度为 1200mm 的 L50×5 角钢横担用螺栓连接，横担间距为 1800～2000mm，在横担上铺设走道，可以用 6 号槽钢两根，间距600mm，之间用 φ10 钢筋焊接，钢筋的间距为 100mm，将槽钢与横担角钢焊接牢固，在走道的一侧设有栏杆。

（5）次龙骨及横撑龙骨的安装

次龙骨垂直于主龙骨，次龙骨间距为 300～600mm。安装时在主、次龙骨交叉点用专用连接挂件固定，龙骨挂件的下部钩挂住次龙骨，上端搭在主龙骨上，将其 U 形或 W 形腿用钳子嵌入主龙骨内。次龙骨挂件如图 6.15 所示。次龙骨的两端应搭在 L 形边龙骨的水平翼缘上。墙上应预先标出次龙骨中心线的位置，以便安装罩面板时找到次龙骨的位置。当用自攻螺钉安装板材时，板材接缝处必须安装在宽度不小于 40mm 的次龙骨上。次龙骨不得搭接。

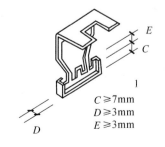
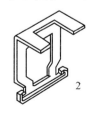
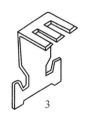

$C \geqslant 7mm$
$D \geqslant 3mm$
$E \geqslant 3mm$

图 6.15　次龙骨挂件

必须接长时,应采用配套的次龙骨接长件。在通风、水电等洞口周围应设附加龙骨,附加龙骨的连接用拉铆钉铆固。吊顶灯具、风口及检修口等应设附加吊杆和补强龙骨。

　　横撑龙骨是为安装饰面板用的。其安装间距应根据实际使用的面板规格尺寸确定,但横撑龙骨不得进行接长。横撑龙骨的安装应使用配套的横撑龙骨挂插件(支托)。支托的两个直边插入横撑龙骨的槽口内,另一端钩挂在次龙骨上。横撑龙骨的连接如图6.16所示。

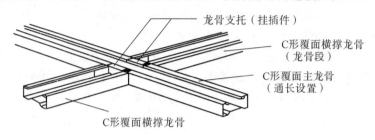

　　龙骨支托(挂插件)
　　C形覆面横撑龙骨
　　(龙骨段)
　　C形覆面主龙骨
　　(通长设置)

C形覆面横撑龙骨

图6.16　横撑龙骨的连接

　　(6)纸面石膏板的安装

　　纸面石膏板安装前要检查龙骨的安装质量,特别要检查对接和连接处的牢固性,不得有虚焊、虚接等现象。同时应布置完成灯具、吊扇的吊杆及各种管线、灯槽等设备。纸面石膏板安装时,应从顶棚的一边角开始,逐步排列推进,余量放在最后安装。纸面石膏板必须在无应力状态下进行安装,要防止强行就位。安装固定时,纸面石膏板的纸包长边应沿着与次龙骨呈十字交叉状态(与主龙骨平行)铺设,并使板的端边准确地落在次龙骨的中央部位。纸面石膏板的纸包长边也应准确地落在横撑龙骨的中心线上,如图6.7所示。为使顶棚受力均匀,在同一条次龙骨上的接缝不能贯通,即铺设板时应错缝;如果接缝贯通,则在此次龙骨处形成一条线荷载,易造成质量通病,即出现开裂或一板一棱的现象。纸面石膏板用镀锌3.5mm×25mm沉头自攻螺钉固定在龙骨上,螺钉应适当错位。一般应从每块板的中间向四周铺钉,不得采用同时多点固定的方法;用沉头自攻螺钉铺钉石膏板,钉头应嵌入石膏板内0.5～1mm但不得破坏纸面,钉距为150～170mm,钉距板边15mm为佳,以保证石膏板边缘不受破坏,从而保证其强度。板与板之间及板与墙之间应留缝,一般为3～5mm,便于用腻子嵌缝。当采用双面石膏板时,应注意其长短边与第一层石膏板的长短边均应错开一个龙骨间距以上,且第二层板也应如第一层板一样错缝铺钉,采用3.5mm×35mm自攻螺钉固定在龙骨上。整个吊顶面的纸面石膏板铺钉完成后,应进行检查,并将所有的自攻螺钉的钉帽涂刷防锈漆。

　　(7)板缝的处理

　　吊顶石膏板铺设完成后,应进行嵌缝处理。嵌缝的填充材料有老粉(双飞粉)、石膏及配套专用嵌缝腻子。专用嵌缝腻子不用加胶水,只要根据说明加适量的水搅拌均匀即可使用。

　　① 板边处理:面纸包封的板纵向边无须处理,切割的板边应在嵌缝前做如下处理,在板安装之前,将正面纸板边上口轻轻倒一角;板固定后再用小刀将倒角的面纸上层挑开,并小心地把挑开的面纸撕开,注意要留着面纸的下层纸,这有利于嵌缝处理。

　　② 嵌缝工序:用腻子刀将嵌缝腻子均匀饱满地嵌入板下部间距的缝内,使腻子挤出背面板边,要形成一凸出的腻子沿口。接着在斜口接缝处用刮刀抹第一道腻子(宽约60mm、厚1mm),随即把玻璃纤维网格带粘贴并压入腻子中。待第一道腻子干透后,用刮刀刮嵌缝石膏

腻子,将楔形缝批嵌满平。干透后,用刮刀再补最后一道嵌石膏腻子,宽约 300mm,厚度不大于石膏板面 1.5mm。最后这道腻子干透后,用 2 号砂纸将嵌缝石膏腻子磨平。应注意所有接缝处理工序尽量迟一点进行,待其他工序都完成后才实施。

6.3　质量验收标准及通病防治

6.3.1　轻钢龙骨吊顶的施工质量验收标准

本标准适用于以轻钢龙骨、铝合金龙骨等为骨架,面板采用纸面石膏板、装饰石膏板、矿棉板、金属板、塑料板或格栅等为饰面材料的吊顶工程的施工质量验收。

1. 主控项目

(1)吊顶标高、尺寸、起拱和造型应符合设计要求。轻钢龙骨吊顶的四周高差应小于±5mm,吊顶平整度不应超过 3mm,吊顶无下垂感。

检验方法:观察;尺量检测。

(2)饰面材料的材质、品种、规格、图案和颜色应符合设计要求。且饰面材料不得受潮变形、翘曲、缺棱掉角,无脱层、干裂,厚薄一致。

检测方法:观察;检查产品合格证书、性能检测报告、进场验收记录和复检报告。

(3)吊杆及龙骨的材质、规格、安装间距及连接方式应符合设计要求。龙骨应进行表面防锈处理。

检验方法:观察;尺量检查;检查产品合格证书、进场验收记录和隐蔽工程验收记录。

(4)饰面材料的安装应稳固严密。饰面材料与龙骨搭接宽度应大于龙骨受力面宽度的2/3。

检验方法:观察;尺量检查、手扳检查;检查隐蔽工程验收记录和施工记录。

(5)轻钢龙骨吊顶工程的吊杆和龙骨安装必须牢固。

检验方法:观察;手扳检查;检查隐蔽工程验收记录和施工记录。

(6)石膏板的接缝应按其施工工艺标准进行板缝防裂处理。安装双层石膏板时,面板与基层板的接缝应错开,并不得在同一根龙骨上接缝。

检验方法:观察。

2. 一般项目

(1)饰面材料表面应洁净、色彩一致,不得有翘曲、裂缝及缺损。饰面板与明龙骨的搭接应平整、吻合,压条应平直、宽窄一致。

检验方法:观察;尺量检测。

(2)饰面板上的灯具、烟感器、喷淋头、风口算子等设备的位置应合理、美观,与饰面板的交接应吻合、严密。

检验方法:观察。

(3)金属吊杆、龙骨的接缝应均匀一致,角缝应吻合,表面应平整,无翘曲、锤印。木质吊杆、龙骨应顺直,无劈裂、变形。

检验方法:观察;检查隐蔽工程验收记录和施工记录。

（4）吊顶内填充吸声材料的品种和铺设厚度应符合设计要求，并应有防散落措施。

检验方法：检查隐蔽工程验收记录和施工记录。

（5）明、暗龙骨吊顶工程安装的允许偏差和检验方法应符合表 6.22、表 6.23 的规定。

表 6.22　明龙骨吊顶工程安装的允许偏差和检验方法

项次	项目	允许偏差（mm）				检验方法
		石膏板	金属板	矿棉板	塑料板、玻璃板	
1	表面平整度	3	2	3	2	用 2m 靠尺和塞尺检查
2	接缝直线度	3	2	3	3	拉 5m 线，不足 5m 拉通线，用钢尺检查
3	接缝高低差	1	1	2	1	用钢直尺和塞尺检查

表 6.23　暗龙骨吊顶工程安装的允许偏差和检验方法

项次	项目	允许偏差（mm）				检验方法
		纸面石膏板	金属板	矿棉板	塑料板、木板格栅	
1	表面平整度	3	2	2	2	用 2m 靠尺和塞尺检查
2	接缝直线度	3	1.5	3	3	拉 5m 线，不足 5m 拉通线，用钢尺检查
3	接缝高低差	1	1	1.5	1	用钢直尺和塞尺检查

6.3.2　轻钢龙骨吊顶工程常见质量通病及防治

（1）吊顶局部下沉

产生的原因：吊点与建筑基体固定不牢；吊杆连接不牢产生松脱；吊杆强度不够产生拉伸变形。

防治的措施：吊点分布要均匀，在龙骨接口和重载部位应增加吊点；吊点与基体连接必须牢固，不能产生松动现象，膨胀螺栓和射钉的埋入（打入）深度应符合要求；不得有虚焊脱落现象；吊杆必须通直不弯曲，上人吊顶的吊筋不小于 $\phi6$，不上人吊顶的吊筋不小于 $\phi4$。

（2）外露龙骨线路不直、不平

产生的原因：安装龙骨时未放线校正或水平标高线控制不好，误差过大；安装后未及时调平，产生局部塌陷。先安装板条，后进行调平，使板条受力不均而产生波浪形状；龙骨上直接悬吊重物，承受不住而局部变形；板条变形，未加矫正就安装。

防治的措施：安装时应提前放线控制，设置龙骨调平工艺和装置，边装边调；跨度较大时，应在中间适当位置加设标高控制点；安装时应对龙骨刚度进行选择，保证其有足够的刚度，以防变形；在龙骨上不能直接悬吊设备，重物应直接与结构固定。

（3）接缝明显

产生的原因：下料尺寸不准，板条切割时，切割角度控制不好、切口部位未经修整；在接缝处接口露白茬，肉眼可见；在接缝处产生错位。

防治的措施:应根据放样尺寸精确下料;切割板条时,控制好切割角度,下料后用锉刀修平,打去毛边及毛刺;用同色硅胶对接口部位进行修补,可对切口白边进行遮掩。

(4)吊顶与设备衔接不妥

产生的原因:设备工程与装饰工种配合欠妥,导致施工安装后衔接不好;确定施工方案时,施工顺序不合理。

防治的措施:确定施工方案时,施工顺序要合理。

6.4 成品保护

(1)轻钢骨架及罩面板安装时应注意保护顶棚内各种管线,轻钢骨架的吊杆、龙骨不准固定在通风管道及其他设备件上。

(2)轻钢骨架、罩面板及其他吊顶材料在入场存放、使用过程中应严格管理,保证不变形、不受潮、不生锈、不受污染。

(3)施工顶棚部位已安装的门窗,已施工完毕的地面、墙面、窗台等应注意保护,防止污损。

(4)已装轻钢骨架不得上人踩踏,其他工种吊挂件不得吊于轻钢骨架上。

(5)为了保护成品,罩面板安装必须在棚内管道试水、保温等一切工序全部验收后进行。

复习思考题

6.1 吊顶工程施工前准备工作要点是什么?

6.2 轻钢龙骨顶棚龙骨安装完毕为什么要调平、调拱?应怎样调整?

6.3 暗龙骨吊顶工程施工质量控制要点是什么?

6.4 明龙骨吊顶工程施工质量控制要点是什么?

6.5 铝合金龙骨吊顶施工工序是怎样的?

6.6 为什么铝合金吊顶吊不平?应怎样防治?

6.7 怎样对明、暗龙骨吊顶的施工质量进行检验?

项目 7　轻质隔墙工程

教学目标

1. 熟悉轻质隔墙工程的分类,熟悉轻质隔墙工程的相关知识;
2. 掌握轻钢龙骨、石膏板的材料特性及质量检验,掌握轻钢龙骨纸面石膏板的构造做法;
3. 掌握施工工具及其使用方法;
4. 掌握轻钢龙骨纸面石膏板隔墙的施工工艺流程及其操作要点、质量验收标准;
5. 掌握成品保护和安全要求。

7.1　轻质隔墙工程的分类及相关知识

隔墙,顾名思义,就是分隔建筑物内部空间用的墙体。隔墙一般不承重,具有比重小、强度高、墙体厚薄适中、易安装、可重复利用,而且兼具隔音、防潮、防火、环保等特点。不同功能房间对于隔墙的要求也有所不同,如厨房的隔墙应具有耐火性能,而浴室的隔墙应具有防潮能力。隔墙按其选用的材料和构造的不同,可分为砌体隔墙、板材式隔墙、骨架式隔墙等。其中,板材式隔墙和骨架式隔墙属于轻质隔墙。

7.1.1　轻质隔墙工程的组成与分类

1. 轻质隔墙的组成

轻质隔墙也称立筋式隔墙,是由骨架和饰面层所组成。骨架主要采用木龙骨、轻钢龙骨、板材等材料;面层主要采用抹灰、轻质石膏板、木胶合板等材料,在其上进行装饰面层施工。

2. 轻质隔墙分类

轻质隔墙按材料和构造的不同可分为板条抹灰隔墙、钢板网抹灰隔墙、板材隔墙、木质隔墙、轻钢龙骨纸面石膏板隔墙等。

7.1.2　轻质隔墙相关知识

1. 板条抹灰隔墙

板条抹灰隔墙是由上槛、下槛、强筋斜撑或横档组成的木骨架,其上钉以板条再抹灰而成。在抹灰工程中应分层进行,以使粘结牢固,确保施工质量。每层的厚度不宜太大,每层厚度和总厚度有一定的控制。各层厚度与使用砂浆品种有关,底层主要起与基层粘结的作用,兼初步找平作用;中层主要是起找平作用;面层主要起装饰和保护墙体的作用。如图 7.1 所示。

2. 钢板网抹灰隔墙

钢板网抹灰隔墙属于板材隔墙分项工程。可以直接在隔墙使用位置立好钢板网后抹水泥

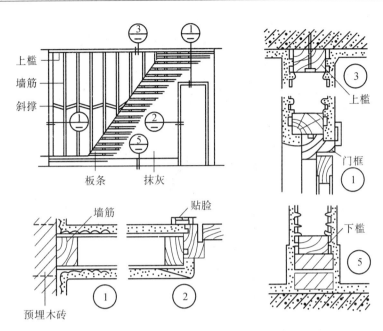

上槛
墙筋
斜撑

板条   抹灰

上槛

门框

墙筋   贴脸

下槛

预埋木砖

图 7.1   板条抹灰隔墙构造示意图

砂浆作隔墙板,也可采用轻钢龙骨(木骨架、角钢、槽钢及工字钢等)为骨架,与 $\phi6$ 或 $\phi8$ 钢筋相配合构成隔墙网格框架体,敷设钢板网,然后进行抹灰。钢板网抹灰可以是双面抹灰,也可以在隔墙的一侧抹灰,在外表面再进行最终的装饰。以轻钢龙骨作骨架的钢板网抹灰隔墙为例,轻钢骨架选用系列型材主件及配件,竖龙骨间距不大于 400mm,在其上分段横向设置 $\phi6$ 钢筋,固定钢板网后单面抹 25mm 厚的水泥砂浆层,面层可贴瓷砖或按设计要求做其他饰面层。

(1)骨架安装及固定钢板网

钢板网抹灰隔墙的钢板网必须与周边主体结构牢固连接,要求铺敷平整、绷紧。

采用木骨架的隔墙,设上槛、下槛、靠墙立筋及中间各条立筋,立筋间距按设计要求一般为 300~400mm,再设置横撑、斜撑等,构成隔墙木格栅。在格栅骨架上铺钉钢板网,要求钉牢、钉平,钢板网的接头必须钉牢在立筋上,且不得有钢板网翘边现象。木质隔墙的钢板网抹灰尚有另一种做法,即采用板条墙,墙筋骨架安装如上所述,在骨架两面各钉板条,采用 80mm×24mm×6mm 的木板条时,其立筋间距为 400mm;采用 1200mm×38mm×9mm 的木板条时,立筋间距为 600mm;板条铺钉时在竖向可留 10~20mm 的板缝,板条横向端边必须在立筋上相接。板条墙安装牢固且平整后装钉钢板网。前一种做法适用于钢板网厚度较大时的钉装,后一种做法适宜于采用薄型钢板网的敷设。

隔墙钢骨架采用型钢或轻钢龙骨材料,由设计确定。在钢骨架上固定横向 $\phi6$ 或 $\phi8$ 钢筋,可采用焊接;钢板网的铺装可采用焊敷、绑扎或螺钉连接;要求铺敷平整、绷紧并牢固。

(2)钢板网抹灰

① 采用水泥石灰混合砂浆:一般分三遍成活,底层用 1:2:1 水泥石灰砂浆,厚度为 3~5mm,挤入钢板网网眼中,随即用 1:0.5:4 水泥石灰砂浆薄压一遍;中层用 1:3:9 水泥石灰砂浆找平,厚度为 7~9mm;待中层砂浆凝结后,即采用麻刀石灰砂浆罩面,厚度为 2~3mm。

② 采用水泥砂浆：水泥与中砂按 1:2.5 或 1:3 的配合比拌制水泥砂浆，掺加适量麻丝或其他纤维材料，分层分遍涂抹于钢板网面。注意底层抹灰必须嵌入网眼内，确保抹灰层挂网粘结牢固。

③ 采用石灰砂浆：石灰膏、砂并略掺麻刀，按设计配合比拌制麻刀石灰砂浆，分层分遍涂抹。底层和中层每遍厚度宜为 3～6mm，面层抹灰在赶平压实后的厚度不得大于 2mm；并应注意各抹灰层均应在前一层抹灰七八成干时方可涂抹下一层砂浆。如图 7.2 所示。

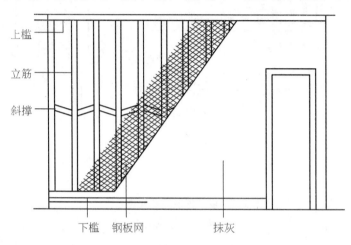

图 7.2　钢板网抹灰隔墙构造示意图

由于板条抹灰隔墙和钢板网抹灰隔墙是在板条或钢板网上进行抹灰的，属于湿作业法。墙面抹灰的优点是材料来源丰富，便于就地取材，价格便宜，属于低档抹灰；缺点是劳动强度大，材料损耗大，工期长。因此，这种施工方法采用比较少，通常采用干作业法施工。

3.板材隔墙

板材隔墙也叫条板隔墙，不需设置隔墙龙骨，由隔墙板独自承重，是将预制或现制的隔墙板材直接固定于建筑主体结构上的隔墙，通常分为复合板材、单一材料板材、空心板材等类型。常见的有金属夹心板、钢丝网水泥板、加气混凝土板、碳化石灰板、水泥木丝板、多孔石膏板、石膏夹心板、石膏水泥板、石膏空心板、泰柏板、增强水泥聚苯板（GRC 板）、水泥陶粒板、石膏条板、轻混凝土条板、植物纤维条板、泡沫水泥条板、硅镁条板、玻璃板等。

隔墙板的最小厚度不得小于 75mm；墙板厚度小于 120mm 时，其最大长度不应超过

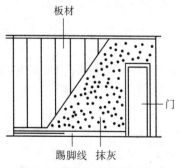

图 7.3　板材隔墙构造示意图

3.5m。对双层墙板的分户墙，要求两层墙板缝相互错开。加气混凝土条板具有自重轻、运输方便、施工操作简单的优点。板材可锯、可刨、可钉，条板之间可粘结，其粘结厚度一般为 2～3mm，要求饱满均匀，条板之间可做成平缝，也可做成倒角缝。如图 7.3 所示。

玻璃板隔墙是采用加厚玻璃形成的隔墙。玻璃板隔墙较其他隔墙厚度薄、自重轻、隔音好、防水、防潮且具有隔而不断的装饰效果，被广泛用于商场、餐厅、美发厅、写字楼等场所，是一种新型高雅的装饰性隔墙。但由于其面积通常

较大,玻璃易碎,为确保使用安全,应采用安全玻璃,即钢化玻璃、夹层玻璃等。使用安全玻璃板作建筑内部的隔墙,在现代建筑中应用非常普遍。

4.木质隔墙

木质隔墙一般采用木龙骨形成骨架,用木拼板、木板条、胶合板、纤维板、细木工板、刨花板、木丝板等作为罩面板。这种隔墙可以避免刷浆、抹灰等湿作业施工,具有装饰效果较好、耐久性好、种类多、保温、隔热、隔声以及现场劳动强度低、施工进度快、安装方便等特点。如图7.4 所示。

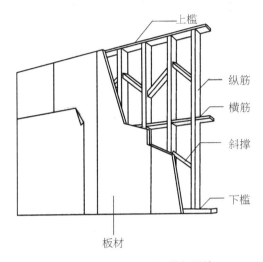

图 7.4 人造板材面层骨架隔墙

木质隔墙常用的装饰板材料:

(1)实木

实木即天然木材。将天然原木加工成截面宽度为厚度 3 倍以上的型材者,为实木板,多用作墙面高级装修的饰面板;不足 3 倍者为方木,多用作龙骨。

(2)胶合板

胶合板是将三层、五层或更多层完全相同的木质薄板按其纤维方向相互垂直的各层用胶粘剂粘压而成的板材,常用作墙体或局部木装修的基层。

(3)纤维板

纤维板是用木纤维加工成一面光滑、一面有网纹的薄板,按其变现密度分为硬质纤维板、中密度纤维板(即中密度板)和软质纤维板,其中以中密度板应用最广。

(4)细木工板

细木工板属于特种胶合板,心板用木板拼接而成,两个表面为胶粘木质单板,多用作基层板。

(5)刨花板

刨花板是利用木材加工刨下的废料经加工压制而成的板材。

(6)木丝板

木丝板是利用木材加工锯下的碎丝加工而成的板材,具有良好的吸音、保温和隔热性能。

5.轻钢龙骨纸面石膏板隔墙

轻钢龙骨纸面石膏板隔墙是以镀锌钢带或薄钢板为主要支撑骨架,在骨架上安装石膏板而形成的墙体。它采用干作业施工,特点是现场劳动强度低,改变了传统的湿作业施工,具有装饰效果好、施工进度快、安拆方便、质量轻以及保温、隔热、隔声性能好等优点。

除饰面层纸面石膏板外,还有以下几种板材:

(1)石膏装饰板

石膏装饰板是以石膏为基料,附加少量增强纤维、胶粘纤维制成,主要有纸面石膏板、纤维石膏板和空心石膏板三种。具有可钉、可锯、可钻等加工性能,并有防火、隔声、质轻、不受虫蛀等优点,表面可油漆、喷刷各种涂料及裱糊壁纸和织物,但强度稍低,防潮、防水性能较差。

(2)装饰吸音板

常用的装饰吸音板主要有石膏纤维装饰吸音板、软质纤维装饰吸音板、硬质纤维装饰吸音板、矿棉装饰吸音板、玻璃棉装饰吸音板、膨胀珍珠岩装饰吸音板和聚苯乙烯泡沫塑料装饰吸音板等。它们都具有良好的吸音效果,具有质轻、防火、保温、隔热等性能,可直接粘贴在墙面或钉在龙骨上,施工方便,多用于室内墙面。

(3)玻纤水泥板

玻纤水泥板具有防水、防潮、防火等优点,且耐久性好,价格便宜,广泛用于地下室或有防水、防潮要求的室内墙面。其他玻璃纤维水泥制品,如柱头、柱础、窗楣、浮雕等各类小型装饰配件在装饰工程中应用也日益广泛。

7.2　轻钢龙骨石膏板隔墙工程施工要求及步骤

7.2.1　施工结构图示

轻钢龙骨隔墙施工结构如图 7.5 所示。

7.2.2　施工必备条件

(1)轻钢骨架、石膏罩面板隔墙施工前应先完成基本的验收工作,石膏罩面板的安装应待屋面、顶棚和墙面抹灰完成后进行。

(2)设计要求隔墙有地枕带时,应待地枕带施工完毕并达到设计要求后,方可进行轻钢骨架安装。

(3)根据设计施工图和材料计划,查实隔墙的全部材料,使其配套齐备。

(4)所有的材料必须有材料检测报告和合格证。

7.2.3　施工材料及其要求

1.材料

轻钢龙骨纸面石膏板隔墙所用的材料包括薄壁轻钢龙骨、纸面石膏板和填充材料等。

(1)薄壁轻钢龙骨

轻钢龙骨是以镀锌钢带或薄钢板轧制而成。

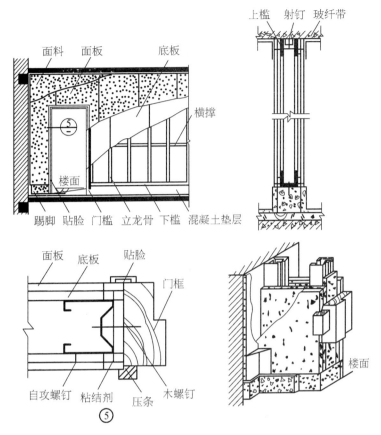

图 7.5　轻钢龙骨隔墙施工结构安装示意图

① 薄壁轻钢龙骨按材料可分为镀锌钢带龙骨和薄壁冷轧退火卷带龙骨。

② 按用途分,一般有沿顶龙骨、沿地龙骨、竖向龙骨、加强龙骨、通贯横撑龙骨和配件。

③ 按照形状来分,装配式轻钢龙骨的断面形式主要有 C 型、T 型、L 型、U 型等,它具有强度大、不易变形、通用性强、耐火性好、安装简便等优点。其中,C 型轻钢龙骨用配套连接件互相连接可以组成墙体骨架,骨架两侧覆以纸面石膏板和饰面层(贴塑料壁纸、做薄木贴面板、涂刷涂料等),则可组成轻钢龙骨纸面石膏板隔墙墙体。

C 型装配式隔墙龙骨可分为三个系列:

C50 系列:用于层高 3.5m 以下的隔墙;

C75 系列:用于层高 3.5~6.0m 的隔墙。

C100 系列:用于层高 6.0m 以上的隔墙及外墙。

C 型装配式隔墙龙骨由上槛(沿顶龙骨)、下槛(沿地龙骨)、立龙骨(竖向龙骨)、横撑(通贯龙骨)等主件和配套连接件互相连接组成墙体骨架,两侧覆以纸面石膏板即组成墙体。外表面再贴墙布或刷油漆、涂料,即成平直牢固的隔墙。

轻钢龙骨的配套连接件有:支撑卡、卡托、角托、连接件、固定件、护角条、压缝条等。

(2)纸面石膏板

纸面石膏板是以半水石膏和面纸为主要原料,掺加适量纤维、胶粘剂、促凝剂、缓凝剂,经料浆配置、成型、切割、烘干而成的轻质薄板,包括普通纸面石膏板、耐水纸面石膏板、耐火纸面石膏板等。其种类、特点及规格见表 7.1。

表 7.1 纸面石膏板的板材种类、特点及规格尺寸

板材类型	板材特点	板材规格尺寸(mm)
普通纸面石膏板	以建筑石膏为主要原料,掺入适量轻集料、纤维增强材料和外加剂构成心材,并与护面纸牢固粘结而形成建筑板材。其棱边有矩形(PJ)、45°倒角形(PO)、楔形(PC)、半圆形(PB)和圆形(PY)五种	长度:1800、1200、2400、3300、3600; 宽度:900、1200; 厚度:9.5、12、15、18、21、25
耐水纸面石膏板	以建筑石膏为主要原料,掺入适量纤维增强材料和耐水外加剂构成耐水心材,并与耐水护面纸牢固粘结而形成吸水率较低的建筑板材。其表面吸水量应不大于 $160g/m^2$	
耐火纸面石膏板	以建筑石膏为主要原料,掺入适量轻集料、无机耐火纤维增强材料和外加剂构成心材,并与护面纸牢固粘结而形成能够改善高温下心材结合力的建筑板材。其遇火稳定时间应不小于 20min	

注:① 纸面石膏板的板面应平整,不得有影响使用的破损、波纹、沟槽、污痕、过烧、亏料、边部漏料和纸面脱开等缺陷。

② 护面纸与石膏心应粘结良好。按规定方法测定时,石膏心不应裸露。

③ 纸面石膏板在厨房、卫生间以及在相对湿度经常大于 70 %的潮湿环境中使用时,必须采取相应的防潮措施。

(3)填充材料

玻璃棉、矿棉板、岩棉板等填充材料,按设计要求选用。

2.其他材料

(1)紧固材料

紧固材料包括射钉、膨胀螺栓、镀锌自攻螺钉(12mm 厚石膏板用 25mm 长螺钉,两层 12mm 厚石膏板用 35mm 长螺钉)、木螺钉等。

(2)接缝材料

接缝纸带或玻璃纤维接缝带、KF80 嵌缝腻子、WKF 接缝腻子、108 胶。

轻隔墙接缝带目前有接缝纸带(又名穿孔纸带)和玻璃纤维接缝带两类,主要用于纸面石膏板、纤维石膏板、水泥石棉板等轻隔墙板材间的接缝部位,起连接、增强板缝作用,可避免板缝开裂,改善隔声性能和达到装饰效果。

接缝纸带是以未漂硫酸盐木浆为原料,采取长纤维游离打浆,低打浆度,增加补强剂和双网抄造工艺,并经打孔而成的轻隔墙接缝材料。它具有厚度薄、横向抗张强度高、湿变形小、挺度适中、透气性好等特性,并易于粘结操作。

玻璃纤维接缝带是以玻璃纤维带为基材,经表面处理而成的轻隔墙接缝材料,具有横向抗张强度高、化学稳定性好、吸湿性小、尺寸稳定、不燃烧等特性,并易于粘结操作。

纸面石膏板墙嵌缝腻子(KF80)是以石膏粉为基料,掺加一定比例的有关添加剂配制而

成。它具有较高抗剥离强度,并有一定的抗压及抗折强度,无毒、不燃、和易性好,在潮湿条件下不发霉腐败,初凝、终凝时间适合施工操作。按形态分有胶液(KF80-1)和粉料(KF80-2)两种。KF80-1 是嵌缝腻子拌和用的添加剂胶液,和石膏粉拌和后使用;KF80-2 是石膏粉和添加剂拌好的粉料,使用时与水拌和。为了提高嵌缝处的保温性,避免出现"冷桥",也有在石膏中掺加珍珠岩配制,适用于纸面石膏板隔墙、纸面石膏板复面板接缝部位的嵌缝。

WKF 接缝腻子的抗压强度大于 0.3MPa,抗折强度大于 1.5MPa,终凝时间大于 0.5h。

7.2.4　施工工具及其使用

1.施工工具

施工工具主要包括手电钻、射钉枪、板锯、电动剪、电动自攻钻、刮刀、线坠、电动无齿锯、直流电焊机、靠尺等。

2.施工工具的使用

手电钻主要用于对型材钻孔;射钉枪用于龙骨与结构之间的连接;板锯用于切割纸面石膏板;电动无齿锯、电动剪用来切割轻钢龙骨;电动自攻钻用于石膏板与轻钢龙骨之间的连接;刮刀用于板缝之间披刮腻子使用;线坠、靠尺用来检查墙面;直流电焊机使用在焊接上。

7.2.5　施工工艺流程及其操作要点

轻钢龙骨隔墙的安装如图 7.6 所示。

1.施工工序

弹线、分档→固定沿顶、沿地龙骨→固定边框龙骨→安装竖向龙骨→安装门、窗框→安装加强龙骨→安装支撑龙骨→检查龙骨安装质量→电气铺管、安装附墙设备→安装罩面板→填充隔声材料,安装另一面罩面板→接缝及护角处理→质量检查。

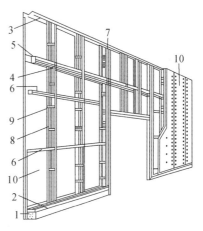

图 7.6　轻钢龙骨隔墙安装示意图

1—混凝土踢脚座;2—沿地龙骨;

3—沿顶龙骨;4—竖向龙骨;

5—横撑龙骨;6—通贯横撑龙骨;

7—加强龙骨;8—贯通龙骨;

9—支撑卡;10—石膏板

2.施工技术要点

(1)放线

根据设计施工图,在已做好的地面或地枕带上放出隔墙位置线和门、窗洞口边框线,并放好沿顶龙骨位置边线。

在隔墙与上、下及两边基体的相接处,应按龙骨的宽度弹线,弹线清楚、位置准确。按设计要求,结合罩面板的长、宽分档,以确定竖向龙骨、横撑龙骨及附加龙骨的位置。

(2)固定沿顶、沿地龙骨

沿弹线位置摆放沿顶、沿地龙骨,并在沿地、沿顶龙骨与地、顶面接触处铺填橡胶条或沥青泡沫塑料条,再按规定间距用射钉或膨胀螺栓固定,固定点间距应为 600～1000mm,龙骨对接应保持平直。射钉射入基体的最佳深度:混凝土为 22～32mm;砖墙为 30～50mm。

(3)固定边框龙骨

沿弹线位置固定边框龙骨,龙骨的边线应与弹线重合。龙骨的端部应固定,固定点间距应

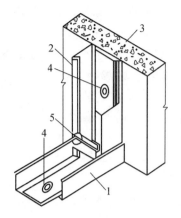

图 7.7 沿地、沿墙龙骨与墙地固定
1—沿地龙骨;2—竖向龙骨;3—墙或柱;
4—射钉及垫圈;5—支撑卡

不大于 1m ,应固定牢固。边框龙骨与基体之间应按设计要求安装密封条。如图 7.7 所示。

(4)选用支撑卡系列龙骨时

应先将支撑卡安装在竖向龙骨的开口上,卡距为 400～600mm ,距龙骨两端的距离为 20～25mm。

(5)安装竖向龙骨

将预先按长度切裁好的竖向龙骨推向横向沿顶、沿地龙骨之内,翼缘朝向石膏板方向,竖向龙骨上、下方向不能颠倒,现场切割时只能从上端切断,竖向龙骨接长可用 U 形龙骨套在 C 形龙骨的接缝处,用拉铆钉或自攻螺钉固定。安装竖向龙骨时应垂直,龙骨间距应按设计要求布置。设计无要求时,其间距可按板宽确定,如板宽为 900mm、1200mm 时,其间距分别为 453mm 、603mm。

(6)选用通贯系列龙骨时

低于 3m 的隔断安装一道;3～5m 隔断安装两道;5m 以上隔断安装三道。

(7)罩面板横向接缝

如接缝处不在沿顶、沿地龙骨上,应加横撑龙骨固定板缝。

(8)门窗或特殊节点处使用加强龙骨,安装应符合设计要求,如图 7.8 所示。

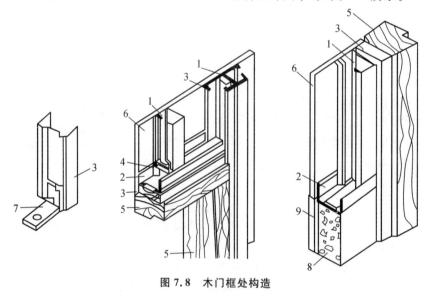

图 7.8 木门框处构造
1—竖向龙骨;2—沿地龙骨;3—加强龙骨;4—支撑卡;5—木门框;
6—石膏板;7—固定件;8—混凝土踢脚座;9—踢脚板

(9)对于特殊结构的隔墙龙骨安装(如曲面、斜面隔断等),应符合设计要求。

(10)电气铺管、安装附墙设备

按图纸要求预埋管道和附墙设备。要求与龙骨的安装同步进行,或在另一面石膏板封板前进行,并采取局部加强措施,固定牢固。在墙中铺设管线时,应避免横切竖向龙骨,同时避免在沿墙下端设置管线。

(11)龙骨检查、校正、补强

安装罩面板前,应检查隔断骨架的牢固程度,门窗框、各种附墙设备、管道的安装和固定是否符合设计要求;如有不牢固处,应进行加固。龙骨的立面垂直偏差应小于或等于 3mm,表面不平整应小于或等于 2mm 。

(12)安装石膏罩面板

① 石膏板宜竖向铺设,长边(即包封边)接缝应落在竖龙骨上。但曲面墙所用石膏板宜横向铺设,且龙骨两侧的石膏板及龙骨一侧的双层板的接缝应错开,不得在同一根龙骨上接缝。

② 龙骨两侧的石膏板及龙骨一侧的内外两层石膏板应错缝排列,接缝不得落在同一根龙骨上。

③ 石膏板用自攻螺钉固定。沿石膏板周边螺钉间距不应大于 200mm ,中间部分螺钉间距不应大于 300mm ,螺钉与板边缘的距离应为 10～16mm 。

④ 安装石膏板时,应从板的中部向四边固定,钉头略埋入板内,但不得损坏纸面。钉眼应用石膏腻子抹平。

⑤ 石膏板宜使用整板。如需对接时,应紧靠,但不得强压就位。

⑥ 隔墙端部的石膏板与周围的墙或柱应留有 3mm 的槽口。施工时,先在槽口处加注嵌缝膏,然后铺板,挤压嵌缝膏使其和邻近表层紧密接触。

⑦ 安装防火石膏板时,石膏板不得固定在沿顶、沿地龙骨上,应另设横撑龙骨加以固定。

⑧ 隔墙板的下端如用木踢脚板覆盖,罩面板应离地面 20～30mm;用大理石、水磨石踢脚板时,罩面板下端应与踢脚板上口齐平,接缝严密。

⑨ 铺放墙体内的玻璃棉、矿棉板、岩棉板等填充材料时,填充材料应铺满、铺平。

(13)接缝及护角处理

纸面石膏板隔墙接缝处理可采用 KF80 和 WKF 两种嵌缝腻子。缝的形式有三种,即平缝、凹缝和压条缝。

① 采用 KF80 腻子,接缝嵌缝按如下操作施工:

a. 贴接缝纸带

石膏板墙接缝处理:应先将板缝清扫干净,对接缝处纸面石膏的暴露部分需要用 10％的聚乙烯醇水溶液或用 50％的 108 胶液涂刷 1～2 遍,待干燥后用小刮刀把腻子嵌入板缝内,填实刮平;第一层腻子初凝后(即凝而不硬时),薄刮一层厚约 1mm 、宽 50mm 稠度较稀的腻子,随即把接缝纸带贴上,用力刮平、压实,赶出腻子与纸带之间的气泡;再用中刮刀在纸带上刮一层厚约 1mm 、宽 80～100mm 的腻子,使纸带埋入腻子层中;最后涂上一层薄薄的稠度较稀的腻子,用大刮刀将板面刮平。接缝嵌缝施工工序如图 7.9 所示:嵌缝→底层腻子→贴接缝纸带→中层腻子→找平腻子。

b. 贴玻纤接缝带

若采用玻纤接缝带,在第一层腻子嵌缝后,即可贴玻纤接缝带,用腻子刀在接缝带表面轻轻地加以挤压,使多余的腻子从接缝带网格空隙中挤出,加以刮平;再用嵌缝腻子将接缝带加以覆盖,并用腻子把石膏板的楔形倒角填平;最后用大刮刀将板缝刮平;若有玻纤端头外露于腻子表面时,待腻子层完全干燥固化后,用砂纸轻轻磨掉。接缝嵌缝施工工序如图 7.10 所示:

嵌缝→贴玻纤接缝带→腻子刮平。

② 采用 WKF 腻子,接缝嵌缝按如下操作施工:

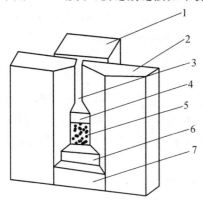

图 7.9　接缝嵌缝工序(接缝纸带)

1—龙骨;2—纸面石膏板;3—嵌缝腻子;

4—黑底腻子;5—粘贴接缝纸带;

6—中层腻子;7—找平腻子

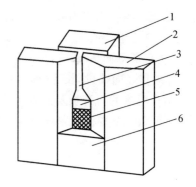

图 7.10　接缝嵌缝工序(玻纤接缝带)

1—龙骨;2—纸面石膏板;3—板缝;

4—嵌缝;5—粘贴玻纤接缝带;6—腻子

平缝可按以下程序处理:

a. 纸面石膏板安装时,其接缝处应适当留缝(一般 3~6mm),且必须坡口与坡口相接。接缝内浮土清除干净后,刷一道浓度为 50% 的 108 胶水溶液。

b. 用小刮刀把 WKF 接缝腻子嵌入板缝,板缝要嵌满、嵌实,与坡口刮平。待腻子干透后,检查嵌缝处是否有裂纹产生;如产生裂纹,要分析原因并重新嵌缝。

c. 在接缝坡口处刮约 1mm 厚的 WKF 腻子,然后粘贴玻纤接缝带,压实刮平。

d. 当腻子开始凝固又尚处于潮湿状态时,再刮一道 WKF 腻子,将玻纤接缝带埋入腻子中,并将板缝填满刮平。

阴角的接缝处理方法同平缝。

阳角可按以下方法处理:

a. 阳角粘贴两层玻纤布条,角两边均拐过 100mm,粘贴方法同平缝处理,表面亦用 WKF 腻子刮平。

b. 当设计要求做金属护角条时,按设计要求的部位、高度,先刮一层腻子,随即用镀锌钉固定金属护角条,并用腻子刮平。

(14)待板缝腻子干燥后,检查板缝是否有裂缝产生。如发现裂纹,必须分析原因,并采取有效的措施加以克服,否则不能进入板面装饰施工。

7.3　质量验收标准及通病防治

本节适用于以轻钢龙骨、木龙骨等为骨架,以纸面石膏板、人造木板、水泥纤维板等为墙面板的隔墙工程的质量验收。轻质龙骨隔墙(及其他骨架式隔墙)工程质量验收标准、安装的允许偏差和检验方法如表 7.2、表 7.3 所示。

表 7.2　轻质龙骨隔墙(及其他骨架式隔墙)工程质量验收标准

项目	项次	质量要求	检验方法
主控项目	1	骨架隔墙所用龙骨、配件、墙面板、填充材料及嵌缝材料的品种、规格、性能和木材的含水率应符合设计要求。有隔声、隔热、阻燃、防潮等特殊要求的工程,材料应有相应性能等级的检测报告	观察;检查产品合格证书、进场验收记录、性能检测报告和复验报告
	2	轻质隔墙工程应对人造木板的甲醛含量进行复检	检查复检报告
	3	骨架隔墙工程边框龙骨必须与基体结构连接牢固,并应平整、垂直、位置正确	手扳检查;尺量检查;检查隐蔽工程验收记录
	4	骨架隔墙中龙骨间距和构造连接方法应符合设计要求。骨架内设备管线的安装、门窗洞口等部位的加强龙骨应安装牢固、位置正确,填充材料的设置应符合设计要求	检查隐蔽工程验收记录
	5	木龙骨及木墙面板的防火和防腐处理必须符合设计要求	检查隐蔽工程验收记录
	6	骨架隔墙的墙面板应安装牢固,无脱层、翘曲、折裂及缺损	观察;手扳检查
	7	墙面板所用接缝材料的接缝方法应符合设计要求	观察
一般项目	1	骨架隔墙表面应平整光滑、色泽一致、洁净、无裂缝,接缝应均匀、顺直	观察;手摸检查
	2	骨架隔墙上的孔洞、槽、盒应位置正确、套割吻合、边缘整齐	观察
	3	骨架隔墙内的填充材料应干燥,填充应密实、均匀,无下坠	轻敲检查;检查隐蔽工程验收记录

表 7.3　轻质龙骨隔墙(及其他骨架式隔墙)安装的允许偏差和检验方法

项次	项目	允许偏差(mm)		检验方法
		纸面石膏板	人造木板、水泥纤维板	
1	立面垂直度	3	4	用2m垂直检测尺检查
2	表面平整度	3	3	用2m靠尺(检测尺)检查
3	阴、阳角方正	3	3	用直角检测尺检查
4	接缝直线度		3	拉5m线,不足5m拉通线,用钢直尺检查
5	压条直线度		3	拉5m线,不足5m拉通线,用钢直尺检查
6	接缝高低度	1	1	用钢直尺和塞尺检查

1.轻质隔墙工程质量验收标准

骨架隔墙工程的检查数量应符合下列规定:每个检验批应至少抽查 10%,并不得少于 3 间;不足 3 间时应全数检查。民用建筑轻质隔墙工程的隔声性能应符合现行国家标准《民用建筑隔声设计规范》(GB 50118—2010)的规定。

2.轻质隔墙工程质量通病防治

(1)轻钢龙骨石膏板隔墙门上角开裂

现象:在门口两个上角出现垂直裂缝,裂缝长度、宽度和出现的早晚有所不同。

防治措施:

① 门口处龙骨安装方式符合要求,安装牢固,龙骨间搭接紧密。

② 超宽门洞的上口要进行加固处理,增加斜支撑龙骨。

③ 门框两侧竖龙骨安装最好是一根龙骨到顶,上下口安装牢固。

在门两侧的石膏板均按规定要求,将石膏板切割成刀把形状进行安装。

(2)轻钢龙骨石膏板隔墙接缝开裂

现象:纸面石膏板安装完成一段时间后接缝会陆续出现开裂现象,开始时有不很明显的发丝裂缝,随着时间的延续,裂缝有的可达到 1~2mm。

防治措施:

① 首先应选择合理的节点构造。

② 板缝节点做法为:清除缝内杂物,填嵌缝腻子,待腻子初凝时再刮一层较稀的腻子,厚度为 1mm,随即贴穿孔纸带,纸带贴好放置一段时间,待水分蒸发后,在纸带上再刮一层腻子,将纸带压住,同时把接缝再找平。

(3)轻钢龙骨石膏板隔墙与墙面、顶面接缝开裂。

防治措施:

① 根据设计放出隔墙位置线,并引测到主体结构侧面墙体及顶板上。

② 将边框龙骨与主体结构固定,根据分格要求,在沿顶、沿地龙骨上分档画线,按分档位置安装竖龙骨,调整垂直,定位后用铆钉或射钉固定。

③ 安装门、窗洞口的加强龙骨后,再安装通贯横撑龙骨和支撑卡。

④ 石膏板在安装时,两侧面的石膏板应错缝排列,石膏板与龙骨采用十字头自攻螺丝固定。

⑤ 与墙体顶板接缝处粘结 50mm 宽玻璃纤维带,再分层刮腻子,以避免出现裂缝。

(4)墙体收缩变形及板面裂缝

原因:竖向龙骨紧顶上、下龙骨,没留伸缩量,超过 2m 长的墙体未做控制变形缝,造成墙面变形。

防治措施:隔墙周边应留 3mm 的空隙,这样可以减少因温度和湿度影响产生的变形和裂缝。

(5)轻钢骨架连接不牢固

原因:局部节点不符合构造要求,安装时局部节点应严格按设计图规定处理。

防治措施:钉固间距、位置、连接方法应符合设计要求。

(6)墙体罩面板不平

原因:一是龙骨安装横向错位,二是石膏板厚度不一致,明、凹缝不均,纸面石膏板拉缝不好掌握尺寸。

防治措施:施工时注意板块分档尺寸,保证板间拉缝一致。

7.4 成品保护和安全生产

7.4.1 成品保护

(1)轻钢龙骨隔墙施工中,工种间应保证已装项目不受损坏,墙内电管及设备不得碰动错位及损伤。

(2)轻钢骨架及纸面石膏板在入场、存放和使用过程中应妥善保管,保证不变形、不受潮、无污染、无损坏。

(3)施工部位已安装的门窗、地面、墙面、窗台等应注意保护,防止损坏。

(4)已安装完的墙体不得碰撞,保持墙面不受损坏和污染。

(5)施工完成后要保持室内温度和湿度,并注意开窗通风,以防干燥造成墙体变形和产生裂缝。

7.4.2 安全生产

(1)隔墙工程的脚手架搭设应符合建筑施工安全标准。

(2)脚手架上搭设跳板应用钢丝绑扎固定,不得有探头板。

(3)工人操作应戴安全帽,注意防火。

(4)施工现场必须工完场清,设专人洒水、打扫,不能扬尘污染环境。

(5)有噪声的电动工具应在规定的作业时间内施工,防止噪声污染、扰民。

(6)机电器具必须安装触电保护装置,发现问题时立即修理。

(7)遵守操作规程,非操作人员不准乱动机具,以防伤人。

(8)现场保持良好通风,防止粉尘吸入人体呼吸道。

复习思考题

7.1 试述隔墙的作用、特点和要求。

7.2 试述轻质隔墙的组成及分类。

7.3 试述木质隔墙的特点及材料的类型。

7.4 试述薄壁轻钢龙骨隔墙的构造组成。

7.5 试述轻钢龙骨纸面石膏板隔墙的施工工艺。

7.6 轻钢龙骨纸面石膏板隔墙的接缝带有哪些种类? 各有何特点?

7.7 试述轻钢龙骨纸面石膏板的施工要点。

7.8 试述轻质隔墙工程验收标准及通病防治。

7.9 试述轻质隔墙工程成品保护及安全要求。

项目8 涂 饰 工 程

教学目标

1. 熟悉涂饰工程的分类及其相关知识；
2. 掌握涂料及其相关材料的特性及质量检验；
3. 掌握涂饰施工工具及其使用方法；
4. 掌握内墙涂饰工程的施工工艺、流程及其操作要点、质量验收标准；
5. 掌握成品保护和安全要求。

8.1 涂饰工程的分类及相关知识

涂饰工程是指用不同类型的涂饰材料对室内外的墙、柱和顶棚进行装饰的工程，主要通过滚涂、刷涂、喷涂等施工手段将涂料涂饰在不同基层的表面上，形成具有装饰保护作用的膜层。涂饰工程具有施工方便、装饰效果好、表面耐擦洗、使用寿命长、经济环保、便于更新等特点，是目前主要的墙面装饰方法之一。

8.1.1 涂饰工程的分类

建筑涂料通常是指用于建筑物表面的涂料，也包括门窗和家具装饰用的油漆及防水涂料等。

过去，涂料的分类方法很多，有的按施工方法分，有的按组成物质分，有的按厚度和质感分，有的按施涂部位分，容易造成混乱。目前，我国已广泛采用以主要成膜物质为基础的分类方法。若成膜物质由多种成分组成，则按在涂膜中起决定作用的一种成分为基础分类。

据此将涂料划分为 17 大类，如表 8.1 所示。

表 8.1 涂料分类

序号	代号（汉语拼音字母）	按成膜物质划分类型	主要成膜物质
1	Y	油脂漆类	天然动、植物油，清油（熟油），合成油
2	T	天然树脂漆类	松香及其衍生物，虫胶，乳酪素，动物胶，大漆及其衍生物
3	F	酚醛树脂漆类	改性酚醛树脂，纯酚醛树脂
4	L	沥青漆类	天然沥青，石油沥青，煤焦油沥青
5	C	醇酸树脂漆类	甘油醇酸树脂，季戊四醇醇酸树脂，其他改性醇酸树脂

序号	代号(汉语拼音字母)	按成膜物质划分类型	主要成膜物质
6	A	氨基树脂漆类	脲醛树脂,三聚氰胺甲醛树脂,聚酰亚胺树脂
7	Q	硝基漆类	硝酸纤维素
8	M	纤维素漆类	乙基纤维,苄基纤维,羟甲基纤维,醋酸纤维,醋酸丁酸纤维,其他纤维及醚类
9	G	过氯乙烯漆类	过氯乙烯树脂
10	X	乙烯漆类	氯乙烯共聚树脂,聚醋酸乙烯及其共聚物,聚乙烯醇缩醛树脂,聚二乙烯乙炔树脂,含氟树脂
11	B	丙烯酸漆类	丙烯酸酯树脂,丙烯酸共聚物及其改性树脂
12	Z	聚酯漆类	饱和聚酯树脂,不饱和聚酯树脂
13	H	环氧树脂漆类	环氧树脂,改性环氧树脂
14	S	聚氨酯漆类	聚氨基甲酸酯
15	W	有机漆类	有机硅、有机钛、有机铝等元素的有机聚合物
16	J	橡胶漆类	天然橡胶及其衍生物,合成橡胶及其衍生物
17	E	其他漆类	不包括在以上所列的其他成膜物质

8.1.2　涂饰工程的相关知识

1.涂料的名称

目前,建筑涂料在我国尚没有统一的命名原则,仍沿袭传统的命名方法:

涂料名称＝颜色或颜料名称＋主要成膜物质名＋基本名称

例如,与上式相对应的:大红醇酸磁漆＝大红(颜色)＋醇酸(成膜物质名)＋磁漆(基本名称)。

涂料型号由三个部分组成,即成膜物质(汉语拼音字母表示)＋基本名称(两位数字表示)＋序号。

涂料的基本名称编号见表 8.2,涂料辅助材料分类见表 8.3。

表 8.2　部分涂料的基本名称编号

代号	基本名称	代号	基本名称	代号	基本名称
00	清油	30	(浸渍)绝缘漆	55	耐水漆
01	清漆	31	(覆盖)绝缘漆	60	防火漆
02	厚漆	32	绝缘(磁、烘)漆	61	耐热漆
03	调和漆	33	(粘合)绝缘漆	62	示温漆(变色漆)
04	磁漆	34	漆包线漆	63	涂布漆

续表 8.2

代号	基本名称	代号	基本名称	代号	基本名称
05	烘漆	35	硅钢片漆	64	可剥漆
06	底漆	36	电容器漆	65	粉末涂料
07	腻子	37	电阻漆、电位器漆	66	感光涂料
08	水溶性漆、乳胶漆、电泳漆	38	半导体漆	67	隔热漆
09	大漆	40	防污漆、防蛆漆	80	地板漆
10	锤纹漆	41	水线漆	81	渔网漆
11	皱纹漆	42	甲板漆、甲板防滑漆	82	锅炉漆
12	裂纹漆	43	船壳漆	83	烟囱漆
13	晶纹漆	44	船底漆	84	黑板漆
14	透明漆	50	耐酸漆	85	调色漆
15	斑纹漆	51	耐碱漆	86	标志漆、马路划线漆
20	铅笔漆	52	防腐漆	98	胶液
22	木器漆	53	防锈漆	99	其他
23	罐头漆	54	耐油漆		

表 8.3　辅助材料分类表

序号	代号	名称	序号	代号	名称
1	X	稀释剂	4	T	脱漆剂
2	F	防潮剂	5	H	固化剂
3	G	催干剂	6	Z	增塑剂

2.建筑工程常用的涂料

(1)内墙涂料和顶棚涂料

① 水溶性涂料　常用的有 108 内墙涂料、803 内墙涂料、831 内墙涂料等。

注:108、803 内墙涂料因环保问题现已逐渐被淘汰,但目前市场中仍然有售和使用。

② 水乳型涂料常用的有聚醋酸乙烯内墙乳胶漆、苯-丙内墙乳胶漆、乙-丙内墙乳胶漆、纯丙内墙乳胶漆等。

③ 薄抹型涂料　888 仿瓷涂料、998 仿瓷涂料、999 仿瓷涂料。此类涂料为水性膏状物,一般用刮涂法施工。

(2)外墙涂料

① 溶剂型涂料　如氯化橡胶外墙涂料、聚氨酯外墙涂料、丙烯酸酯外墙涂料等。

② 水溶性涂料　如 107 外墙涂料、794 外墙装饰涂料。

③ 水乳型涂料　常用的有乳胶漆、氯-醋-丙三元共聚乳液涂料、氯-偏共聚乳液外墙涂料、

乙丙乳胶漆和乙丙乳液厚涂料等。

(3)地面涂料

① 溶剂型涂料   常用的有聚氯乙烯醇缩丁醛地面涂料、聚氨酯厚质地面涂料及 812 建筑涂料。

② 水溶性涂料   常用的有 108 胶水泥地面涂料(不用于民用建筑室内)及 804 彩色水泥地面涂料等。

③ 水乳型涂料   常用的有氯-偏共聚乳液涂料及改性塑料地面涂料等。

3.普通油漆

普通油漆一般用于木材或金属表面的普通涂饰工程。根据设计是否要求遮盖基层的纹理,普通油漆可分为清漆和混漆。清漆一般用于需要显露木纹的木材表面涂饰,或用于表面罩光;混漆用于不显露木纹的木材表面涂饰,也可用于金属表面涂饰。

① 清油

清油又名熟油、鱼油、调漆油,透明,呈淡黄色,可作为原漆和防锈漆调配时用的油料,也可单独使用,油膜柔韧,但易发黏。自配清油是工地上常用的一种打底清油,它是用熟桐油加稀释剂配成,冬期使用时还要加入适量催干剂;它还可根据不同颜色的面层要求加入适量的颜料配成带色清油。

② 厚漆

厚漆又名铅油,是用颜料与干性油混合研磨而成,需要加油、溶剂等稀释后才能使用。其漆膜较软、干燥慢,面漆的粘结性好,故被广泛用于面层漆涂层的打底,也可单独作为面层涂饰。

③ 调和漆

调和漆分为油脂类调和漆与天然树脂类调和漆两类,可用于普通木门窗表面涂饰。调和漆是将干性油、颜料、树脂按一定配合比在一起研磨而制成的混漆,其干燥时间较慢,涂膜较软、易黄变。

④ 醇酸树脂漆

醇酸树脂漆是以醇酸树脂为主要成膜物质的油漆。

醇酸树脂与其他树脂有较好的混溶性,能与其他多种油漆混合使用。它不易老化,膜层光泽度的持久时间长,无毒,漆膜柔韧、耐磨,综合性能高于酚醛漆。醇酸树脂漆的表面干燥速度较快,但膜层内部完全干透所需的时间较长;漆膜的保光性、耐水性、耐碱性差,表面有泛黄现象;漆膜较软,不宜打磨抛光。不掺加颜料的醇酸树脂漆称为醇酸清漆,掺加着色颜料的醇酸树脂漆称为醇酸磁漆。

⑤ 磁漆

磁漆又称瓷漆,是以清漆为基料,加入颜料研磨制成的。涂层干燥后呈瓷光色彩而涂膜坚硬,因此得名,常用的有酚醛磁漆和醇酸磁漆两类。

⑥ 防锈漆

防锈漆有油性防锈漆和树脂防锈漆两类,用于金属表面。常用的防锈漆有红丹防锈漆、铁红防锈漆、磷灰防锈漆等。一般金属表面涂刷防锈漆后,还应再涂饰罩面漆,如普通调和漆、磁漆等。

4.高级木器漆

① 硝基漆

硝基漆又称喷漆、蜡克、硝基纤维素漆,它是以硝化棉为主要成膜物质,再添加合成树脂、增韧剂、溶剂和稀释剂而制成的。在硝基清漆中加入着色颜料和体质颜料后,就能制得硝基磁漆、底漆和腻子。硝基漆属挥发性油漆,它的涂膜干燥速度较快,但涂膜的底层完全干透所需的时间较长。硝基漆在干燥时产生大量的有毒溶剂,施工现场应有良好的通风条件。硝基漆的优点是:漆膜具有可塑性,即使完全干燥的漆膜仍然可以被原溶剂所溶解,所以硝基漆的漆膜修复非常方便,修复后的漆膜表面能与原漆膜完全一致;硝基清漆的固含量较低,油漆施工时的刷涂次数和时间较长,因此漆膜表面平滑细腻、光泽度较高,可用于木制品表面作为中高档的饰面装饰;漆膜坚硬耐磨,可以抛光,漆膜的耐化学腐蚀性、耐水性较好;硝基漆的耐光性较差,在紫外线的长时间作用下,漆膜会出现龟裂;环境气温的剧烈变化会引起膜面的开裂与剥落;成本高;施工麻烦;溶剂有毒,易挥发。

② 丙烯酸漆

丙烯酸漆是由丙烯酸树脂组成的。丙烯酸漆具有较高的光泽,可制成水白色的清漆和色泽纯白的白磁漆,有较高的装饰性。在大气和紫外线的作用下,它的颜色和光泽能长久地保持不变,防湿热、防盐雾、防霉菌的能力很强,对酸、碱、水和酒精等物有良好的抵抗能力,因而它的保护性能也是很好的。丙烯酸漆中的固含量较高,漆膜丰满、附着力强。与硝基漆相比,丙烯酸漆的施工方便,制作周期短。但其漆膜较脆、耐寒性差,价格较高。施工时应采用专用底漆,以防漆膜出现咬底现象。

③ 聚酯漆

聚酯漆的主要原料是聚酯树脂,在聚酯树脂中又以不饱和聚酯树脂用得较多。不饱和聚酯树脂漆的干燥速度快,漆膜丰满厚实,有较高的光泽度和保光性,漆膜的硬度较高,耐磨性、耐热性、抗冻性和耐弱碱性较好。不饱和聚酯漆的漆膜损伤后修复困难,施工时由于它的配合比成分比较复杂,且只适宜在静置的平面上涂饰,垂直面、边线和凹凸线条处涂饰聚酯漆时易产生流挂现象,因而施工操作比较麻烦。不饱和聚酯漆应配套使用专用底漆,不能用虫胶漆和虫胶腻子打底,否则会降低漆膜的附着力,造成油漆膜层起壳、剥落。此外,聚酯漆在施工时的温度不宜太低(一般不低于 15℃),否则会出现漆膜固化困难的现象。

④ 聚氨酯漆

聚氨酯漆有五种类型,在木材上用得最多的品种是羟基固化型聚氨酯漆。聚氨酯漆可与硝基清漆、醇酸树脂清漆、丙烯酸树脂清漆、环氧树脂清漆等进行混合或合成后得到新的复合油漆。如用 2 份聚氨酯清漆与 1 份硝基清漆进行混合,可得到柔韧、光泽度高和耐热的漆膜。

由于聚氨酯遇水产生二氧化碳气体,使漆膜内产生气泡,从而影响漆膜的平整度,因此在整个涂饰过程中应注意避免聚氨酯漆与水发生接触,被涂饰的表面一定要干燥充分。如用水粉腻子打底时,一定要等到腻子完全干透后才能涂刷油漆。加入油漆中的溶剂也不能含水,同时聚氨酯清漆在保存时要注意防潮。

聚氨酯清漆可在 −40～120℃ 的温度范围内使用,它的施工黏度低,施工方便,漆膜可以不用打磨抛光即可得到很强的光泽。在进行多遍涂刷时应控制好各层油漆的刷涂时间间隔。聚氨酯漆的固含量较高,比硝基清漆的固含量高出 2～3 倍。它的漆膜坚韧、耐磨性好、附着力强,对大管孔的木材有很好的填孔性,耐化学腐蚀性、耐水性、耐热性、抗冻性较好,漆膜丰满,富有弹性和很高的光泽度。与硝基漆相比,其材料成本约低 20% 以上。聚氨酯漆中含有的甲苯二异氰酸酯是一种易挥发的无色透明的有毒物质,因而聚氨酯漆在使用时要注意防止中毒。另外,虫胶清漆不宜作为聚氨酯漆的底漆,因为虫胶漆中的主要成分是紫胶树脂,其中含有大量的游离羧基,极易与聚氨酯漆中的异氰酸基反应生成二氧化碳气体,从而使漆膜表面不平整,降低漆膜的附着力。聚氨酯漆的保色性差,漆膜容易泛黄。

⑤ 光敏漆

光敏漆又称光固化漆或 UV 漆,它是由含有不饱和双键的光敏树脂、稀释剂、光敏剂和辅助材料所组成的。光敏漆是单组分的。

光敏漆的成膜速度与紫外线的波长有关,只有使光敏树脂和光敏剂的组成与紫外线波长相适宜时,漆膜才能迅速固化。光敏漆的固化率可达到 100%。它的固含量高,挥发性有害气体极少,是一种无污染油漆。这种油漆的漆膜光泽度高,表面丰满,耐酸碱、耐磨、耐热。漆膜的固化程度依赖于紫外线的照射,对不吸光的部分则漆膜不能固化,所以光敏漆一般用于平面制品的涂饰。漆膜受损后不易修复,经过紫外线照射后的漆膜表面色泽稍有变化。光敏漆多用于高档家具和免漆实木地板表面。

5. 建筑涂饰材料的选择及其要求

建筑涂料的选择应注意以下几个方面:

(1)与建筑物的应用目的是否一致

应用目的主要是指遮盖力、耐洗刷性、耐老化性是否达到应用要求。

遮盖力是指涂膜遮盖基层表面不露底色的能力,即单位千克重量涂料可涂刷的面积。涂刷面积应以湿遮盖能力为准,如以干遮盖能力计算,就会降低涂层的质量。

耐洗刷性是建筑涂料(特别是外墙涂料)一个特别重要的质量指标。涂料的耐洗刷性低,经雨水冲刷或经清洁墙面的擦洗后,基层就容易露底。

耐老化性是指建筑涂料发挥正常功能的使用寿命。外界很多因素都会导致建筑涂料性能发生变化,如褪色、变色、粉化、龟裂等。衡量建筑涂料耐老化性的标准,一是初始的质量指标,二是老化后的性能变化。

(2)为达到应用目的必须具备的性能

建筑涂料为达到应用目的应该具备外观质量、含固量等标准性能。外观质量俗称开罐性,是直观判断涂料质量的最简单实用的方法。涂料沉积严重、有结块、凝聚、霉变,其质量就很难保证。含固量主要是指成膜物质的含量,反应型涂料与乳液型(或溶剂型)涂料的含固量差别很大(30%~50% 之间),在面积相等的情况下,涂膜厚度就有较大差别。

(3)建筑涂料是否与基层品质适应

新材料的广泛应用和推广,使建筑涂料涂饰的基层出现许多不同的材质,不同的材质有不同的表面张力、致密性、含水率和平整度等特点(表 8.4),这就对建筑涂料的品质提出了不同的要求,如表 8.5 所示。

表8.4　各种材质的特点

材　质	特　点
水泥混凝土	碱性大,干燥速度慢,表面平整度差,且容易有空鼓、麻面
水泥砂浆	干燥速度快,碱性较混凝土的大
石棉水泥板	表面粉尘多,吸水性极大,表面强度低
石棉板	表面粉尘多,强度高,吸水性低
石街板	表面强度低,含水率低,吸收性一般
钢材	受温差影响胀缩大,易锈蚀
三合板	含水率变化较大,易泛色
塑料	表面有增塑剂迁移

表8.5　涂料性能与适应基层

涂料品种	成膜物质	状态	涂膜性能					适应基层			
			耐水性	耐碱性	耐酸性	耐油性	耐候性	水泥	木材	钢材	铝材
醇酸树脂漆	醇酸树脂	溶剂型	○	×	△	○	○		√	√	∅
酚醛树脂漆	酚醛树脂	溶剂型	☆	△	○	○	◇		√	√	∅
硝基漆	醇酸树脂硝化棉	溶剂型	○	×	◇	☆	○		√	√	∅
醋酸乙烯涂料	聚醋酸乙烯乳液(白胶)	水乳型	○	◇	○	△	◇	√	√		
丙烯酸树脂涂料	丙烯酸树脂	溶剂型	☆	☆	○	○	☆	√		∅	∅
水性丙烯酸涂料	丙烯酸乳液	水乳型	○	○	○	△	○	√	√		
水性有光丙烯酸涂料	丙烯酸乳液	水乳型	○	○	○	△	○	√	√		
环氧树脂涂料	环氧树脂	双组分	☆	☆	☆	☆	◇	√		√	√
聚氨酯涂料	聚氨酯	双组分	☆	☆	☆	☆	○	√	√	√	√
聚氨酯丙烯酸涂料	聚氨酯丙烯酸树脂	双组分	☆	☆	○	◇	○	√	√		
聚酯涂料	不饱和聚酯	双组分	☆	○	○	☆	◇			√	√
有机硅丙烯酸涂料	硅橡胶丙烯酸树脂	双组分	☆	☆	☆	☆	☆	√	√	√	√
含氟涂料	含氟树脂	双组分	☆	☆	☆	☆	☆	√	√	√	√
无机涂料	硅酸盐	溶液型	☆	☆	×	☆	○	√			

注:☆优,○良,◇一般,△差,×劣,∅需配用底涂。

8.2　外墙涂料施工要求及步骤

8.2.1　施工必备条件

(1)施工脚手架按要求搭设(高层多采用吊篮或可移动的吊脚手架)。

(2)施工气温不低于 5 ℃,相对湿度不大于 85%。当气温高于 35 ℃时,应有遮阳措施。应注意防尘,并避免在雨雪天气施工。

(3)抹灰作业已全部完成,过墙管道、洞口、阴阳角等应提前处理完毕。为确保墙面干燥,各种穿墙孔洞都应提前抹灰补平。将装饰表面的灰块、浮尘等杂物清理干净,表面干燥,含水率不高于 10%,基层的 pH 值应在 10 以下;表面平整、坚固;墙面的阴阳角应方正、密实,轮廓要清晰。

(4)做好成品保护。对已完成的楼地面、踢脚板等预先加以遮盖,室内水、暖、电、卫设施及门窗等进行必要的遮挡。准备好防护眼镜、口罩、手套、工作服等。

(5)外窗台粉刷层两端应粉出挡水坡端;檐口、窗台底部必须按技术标准完成滴水线构造施工;女儿墙及阳台的压顶粉刷面应有指向内侧的泛水坡度。

(6)施工现场所需的水电、机具和安全设施齐备。

(7)已放大样并做出涂饰样板的,经质量监理部门鉴定合格,经技术人员及业主认可,施工工艺及操作要点已向操作者交底后,可进行大面积施工。

8.2.2　施工材料的选择及其要求

(1)外墙覆层涂料由底层、主涂层、面层涂料组成,若需光泽,还应增加罩光涂料。涂料的选择按设计要求并根据基层情况、施工环境和季节等因素决定,应优先选用绿色环保涂料和通过 ISO 14001 环保体系认证的产品。产品应有合格证、性能检测报告、出厂日期及使用说明,应满足设计、基层、施工温度等方面的要求。目前,常见的外墙覆层涂料有合成树脂乳液覆层涂料、硅溶胶类覆层涂料、水泥系覆层涂料及反应固化型覆层涂料等。外墙厚质涂料有乙-丙乳液厚涂料、丙烯酸系列厚质涂料、无机厚质涂料、浮雕漆厚质涂料等。

(2)人工色砂、填充料、助剂等应符合设计要求及国家、行业现行规范规定的标准。

(3)所使用的腻子必须与相应的涂料配套,满足耐水性要求,并应适合于水泥砂浆、混合砂浆抹灰基面。腻子的粘结强度应符合国家现行标准的有关规定。

8.2.3　施工工具及其使用

1.施涂手工工具

涂料的施涂有很大一部分是靠手工作业完成的。涂料的品种不同及施工作业条件的限制,施涂的工序也不同,这就要求我们合理选用手工工具。正确地选择和使用工具是保证施涂质量的前提,古语"工欲善其事,必先利其器"说的也是这个道理。施涂手工工具大致可分为处理基面工具,刷涂、喷涂工具,美术涂饰工具,彩画工具等。

(1)常用的处理基面工具

① 金属刷　选用钢丝刷最好,清除锈蚀。

② 铲刀　应保持刀刃良好,用于清理基层表面松散沉积物。

③ 钢皮刮板　选择薄而柔韧的刀片,刀口要平整,用于填刮腻子。

④ 橡胶刮板　主要用于刮涂厚层腻子或曲面上的腻子。

常用的处理基面的工具如图 8.1 所示。

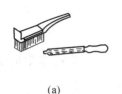
(a)

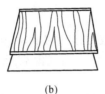
(b)

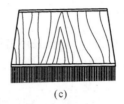
(c)

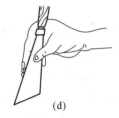
(d)

图 8.1　常用的处理基面的工具

(a)金属刷;(b)钢皮刮板;(c)橡胶刮板;(d)铲刀

(2)常用涂刷工具

常用涂刷工具有油漆刷、排笔、漆刷、鬃刷、羊毛树脂漆刷、底纹笔。

① 油漆刷

施涂的质量在很大程度上取决于油漆刷的选择,挑选时以鬃厚、口齐、根硬、头软为好。施涂时,用右手握紧刷柄,不允许油刷在手中有松动现象。如图 8.2 所示。刷涂主要靠手腕的转动来完成。油漆刷蘸涂料后,要轻轻地在容器的内壁来回拍打几下,使蘸起的涂料集中于刷毛头部,以免施涂时涂料掉在或粘到别的物面上。

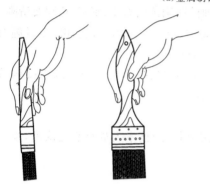

图 8.2　油漆刷的握法

油漆刷用毕后,应挤下多余涂料,先用溶剂洗净(所选用的溶剂品种应与使用的涂料品种相配套),随后用煤油洗净、晾干。再用浸透菜油的油纸包好,保存在干燥处,以备下次使用。若是近日还要用,可把油漆刷浸在清水中,使刷毛全部浸入(油漆刷外面最好包一张纸),不使刷毛着底,否则,会使刷毛受压变形。待使用时,拿出油漆刷,将水甩净即可。此法一般适用于施涂溶剂型涂料。如施涂树脂类涂料时,仍需浸在溶剂中。

油漆刷使用久了,刷毛会变短,弹性减弱,可用利刃把两面的刷毛削去一些,使刷毛变薄,弹性增加,便于继续使用。

油漆刷的规格有多种,应按被施涂物面的形状、面积大小选用,见表 8.6。

表 8.6　油漆刷的规格与适用范围

规　　格		适 用 范 围
英制(英寸)	公制(mm)	
1	25	施涂小的物件或不易刷到的部位
1.5	38	施涂钢窗
2	50	施涂木制门窗和一般家具的框架
2.5	63	除施涂木门、钢门外,还广泛地用于各种物面的施涂
3	76	施涂抹灰面、地面等大面积的部位

注:按法定计量单位,油漆刷的宽度应以厘米(cm)计算,但涂饰工程已习惯于用英寸,如用厘米(cm),按 1 英寸=2.54 厘米(cm)换算。

②排笔

排笔是由多支羊毛细竹管排列连接而制成的,4 管、8 管的排笔主要用于刷虫胶清漆、硝基清漆、丙烯酸清漆和黏度较小的水性涂料;10 管以上的排笔主要用于抹灰面的施涂。

新的排笔常有脱毛现象,可在手上轻轻地拍击数次,使松脱的毛掉落。若有些排笔蓬松,口子不齐,可用微火烧烤或用剪刀修整。如果是用于高档涂料的涂饰,最好将经过上述处理的排笔再浸入虫胶清漆中约 1h,用中指与食指将笔头夹紧,从根部捋向笔尖,挤出余漆。理直后应保持干燥;待使用时,再用酒精泡开。旧排笔内如有余漆或颜料,必须用溶剂或清水洗净后再使用。

用排笔施涂涂料时,要用手握紧竹管排的右角,如图 8.3(a)所示。施涂时要以手腕的转动来适应排笔的运势。往桶内蘸涂料时,应略微松开大拇指,将排笔轻轻甩动,羊毛头部向下如图 8.3(b)所示。蘸后将排笔靠着容器壁轻轻敲几下,使涂料都集中在羊毛的顶部。其刷法大体与油漆刷相同,不同之处是排笔的刷毛要全部浸入涂料中,要多蘸涂料,施涂时要尽量一次完成,不要重复回刷。要顺着木纹方向按顺序依次进行,刷完一个表面后再刷下一个表面。

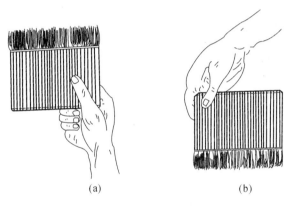

(a)　　　　　　　　　　　　(b)

图 8.3　排笔的握法

(a)刷涂料;(b)蘸涂料

2.辊具

是将涂料滚涂到基层表面,以达到各种装饰效果的一种手工工具。辊具分为一般辊具和艺术辊具两大类。

(1)一般辊具

一般辊具是将人造绒毛等易吸附材料包裹在硬质塑料的空心辊上,配上弯曲形圆钢支架和木手柄。一般辊具属规格产品,如图 8.4所示。

辊具结构轻便,施工操作方便,施涂工效高于涂刷。目前抹灰面层等涂刷较普遍地采用滚涂操作。它既适用于滚涂薄涂料,也适用于滚涂厚涂料,尤其适用于滚涂粗糙的抹灰面,但不宜用于抹灰面的交接转角处和涂饰光洁程度要求高的基层面。

将辊具滚涂层上的 1/2 绒毛(羊毛)浸入容器内的涂料中,待全部绒毛吸足涂料后,在容器边来回滚动,然后将辊具拿出放在专用平板

图 8.4　人造绒毛辊具

上轻轻滚动,目的是使绒毛中所吸的涂料量均匀,这样滚涂到建筑物表面上涂层才会均匀。滚涂时,紧握手柄,用力要均匀,来回上下滚动,直至在被涂饰的物面上形成理想的涂层。

辊具使用完毕后,应将其浸入清水或香蕉水中,使人造绒毛不致因固化而打结。若在操作过程中需调换涂料,应在清水、松香水或香蕉水中洗净后,方可浸入另一种涂料中。

(2)艺术辊具

艺术辊具是在内墙壁装饰层面上滚印出多种花纹图案,具有艺术装饰效果的一种手工辊具。常用的艺术辊具有橡胶滚花辊具、硬橡皮辊具和泡沫塑料辊具,如图8.5所示。

① 橡胶滚花辊具　分为双辊筒式和三辊筒式两种,主要由盛涂料的料斗、带柄壳体和辊筒组成。双辊筒式的其中一辊是硬质塑料上料辊筒,另一辊是橡胶图案辊筒。三辊筒式则是增加一个引料辊筒。操作时双辊和三辊均同时相切转动,将料斗中所盛的涂料按所刻图案涂饰到内墙的抹灰面上。

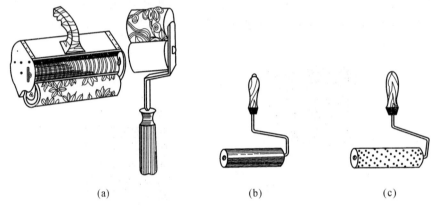

(a)　　　　　　　　　　(b)　　　　　　　　　　(c)

图8.5　艺术辊具
(a)橡胶滚花辊具;(b)硬橡皮辊具;(c)泡沫塑料辊具

边角小滚花辊具是配套辊具,用于墙面边角处滚花。橡胶滚花能在墙面上滚涂出各种色泽的图案,其装饰效果能与印花壁纸相媲美。将涂料装入料斗内,沿着抹灰面滚动辊具,在墙面上就能滚印出所选定的图案花饰。操作时应从左至右,从上至下,着落的位置要保持同一花纹点,滚动时手要平稳、拉直,一滚到底。必要时可预先弹好垂直线作为基准线再滚。

如遇到墙面边缘处,由于受橡胶辊筒尺寸的限制难以操作,则可采用配套边角辊筒。

② 泡沫塑料辊具　使用泡沫塑料辊具进行墙面(顶棚)的装饰,能形成粗细粒状毛面图案的涂层,有较好的质感。

③ 硬橡皮辊具　使用平滑状的硬橡皮辊具可以在凹凸形花纹厚涂层上进行套色,也能将喷涂层压成扁平状、苔藓状、云彩状的花纹,适用于内外墙涂料的施工。

艺术辊具每次用毕应将刷子清洗干净,擦干后存放。特别是刻有花纹的橡胶辊具,其凹槽部分更要彻底清洗,以免涂料愈结愈厚,影响装饰效果。

3.施涂机械、机具

涂饰工程常用的有除锈、打磨提式电动搅拌机、喷涂、弹涂等机械、机具等。

（1）除锈机械

常用的除锈机具有手提式角向磨光机、电动刷、风动刷、烤铲枪、喷射设备等,同手工机具相比除锈质量好、工效高。

① 手提式角向磨光机(图 8.6)　通过电动机带动前面的砂轮高速转动摩擦金属表面来达到除锈的目的,也可将砂轮换成刷盘,同样能达到除锈目的。

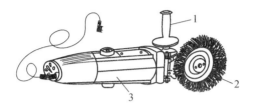

图 8.6　手提式角向磨光机

1—手柄;2—刷盘;3—磨光机主体部分

② 电动刷(风动刷)　电动刷的动力是电动机,风动刷的动力是压缩空气机。它们的构造原理是将钢丝刷盘用金属夹紧固在电动机或风动机的轴上,通过机械转动带动钢丝刷盘的转动以摩擦金属面,从而达到除锈目的。

③ 烤铲枪　它是风动除锈机具,由往复锤体和手柄组成。利用压缩空气使锤体上下不断地运动,敲击物体来达到除锈的目的,如图 8.7 所示。

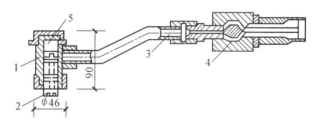

图 8.7　烤铲枪

1—套筒;2—敲铲头;3—手柄;4—开关;5—气罐

（2）手提式搅拌机

手提式搅拌机是用电钻改装的一种简单的电动搅拌机具,市场上已有成品机具,分电动、风动两类,如图 8.8 所示。电动机启动后,带动轴上的叶片转动,容器内的涂料受叶片转动形成旋涡,使涂料上下翻滚、搅拌均匀。

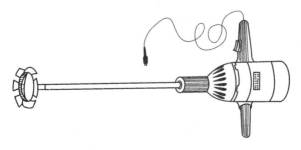

图 8.8　手提式搅拌机

（3）电动砂皮机

电动砂皮机是一种小型打磨电动机具，比手工砂纸（布）打磨工效高。

（4）喷涂机械

涂饰工程中，采用喷涂机械施涂效果好、工效高，使用非常普遍。喷涂机常用于建筑工程的内外墙、顶棚的喷涂装饰施工。

① 喷浆机

常用于石灰浆、大白浆的施涂，分手推式喷浆机和电动喷浆机两种。电动喷浆机如图8.9所示。

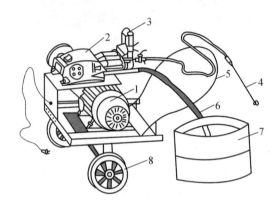

图8.9　电动喷浆机

1—电动机；2—活塞泵；3—稳压室；4—喷浆头；5—手把；6—吸浆管；7—贮浆桶；8—轮子

② 斗式喷枪

斗式喷枪适用于喷涂着色砂（彩砂）涂料、黏稠状厚涂料和胶类涂料，由料斗、调气阀、涂料喷嘴座、喷料嘴、定位螺母等组成。作业时，先将涂料装入喷枪料斗，涂料进入涂料喷嘴座与压缩空气混合，经过喷料嘴呈均匀雾状喷出。常用的有手提斗式喷枪和手提斗式双色喷枪等。

手提斗式喷枪结构简单，使用方便。适用于喷涂乙-丙彩砂涂料、苯-丙彩砂涂料、砂胶外墙涂料和复合涂料等。其结构如图8.10所示。

使用手提斗式喷枪时要配备0.6m³的空气压缩机一台，用软管接通，待达到设定的气压时，打开气阀就可以进行喷涂作业。手提式喷枪在当天喷涂结束后，要清洗干净，必须用溶剂将喷道内残余的涂料喷出洗净，否则，会产生堵塞现象。

手提斗式双色喷枪是由两个料斗喷枪组合成一体的喷枪。

喷漆枪可以喷涂低黏度的涂料，如硝基涂料、过氯乙烯涂料及丙烯酸涂料等。其料斗容积小，适用于涂料更换频繁的小批量、小面积的喷涂。喷漆枪有吸上式、压下式（自流型式）、压力供漆等多种。常用的是吸上式喷枪，其结构如图8.11所示。

吸上式喷漆枪是利用压缩空气喷出时造成的真空而吸入涂料，并使涂料呈雾状喷出。使用时将已被溶剂稀释后的涂料倒入喷漆罐内，然后接上喷枪气管，气压调到0.45~0.5MPa，稍微扳动开阀器即可喷涂。喷涂作业结束后，必须用溶剂将喷枪清洗干净，并在喷嘴、针阀等部位涂上防锈漆。

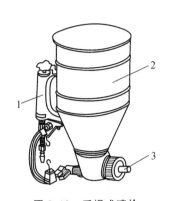

图 8.10　手提式喷枪

1—手柄;2—喷枪装料斗;3—喷料嘴

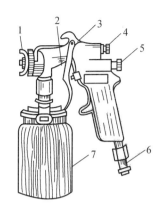

图 8.11　PQ-2 型喷漆枪

1—空气喷嘴的旋钮;2—针阀;3—开关;4—控制阀;
5—针阀调节螺栓;6—压缩空气管的接头;7—涂料罐

8.2.4　施工结构图示及施工说明

涂料类饰面的涂层构造大致划分为基层、底层、中间层和面层四个部分,如图 8.12 所示。

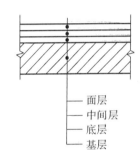

—面层
—中间层
—底层
—基层

图 8.12　装饰涂料的结构示意图

(1)基层　与涂料是皮与毛的关系。基层,首先要有良好的附着力和很好的相容性;其次,各类基层都要达到"坚实、平整、清洁、干燥"的要求。因此,在施涂之前,要对基层进行加工处理,消除影响施涂质量的缺陷。这是在涂饰施工中非常重要的工序。

(2)底层(底涂)　其作用是:①增加涂层与基层之间的粘结力;②使一部分悬浮的灰尘颗粒固定在基层上;③具有封闭基层,防止木脂和水泥砂浆抹灰层中的可溶性盐类物质渗出。

(3)中间层(中涂、主层、成型层)　通过形成匀实饱满的中间层,达到:①保护基层,起到补强作用;②形成多种质感(如立体花纹质感和图案)的装饰效果;③提高膜层的耐久性、耐水性和强度。

(4)面层(面涂、罩面层)　其作用是:①体现膜层的色彩和光泽;②保护中间层,提高整个涂料面的耐久性和耐污染性。

8.2.5　施工工艺流程及其操作要点

不同建筑涂料的施工流程不同,但对基层处理要求大致相同,不同之处主要体现在漆的涂饰上。比如有的涂料只需要涂刷底漆和面漆,而有的涂料需要涂刷底漆、主漆和面漆。有的涂料漆膜较薄,有的涂料漆膜较厚,但基本方法一致。现以一般常用的外墙覆层涂料施工工艺流程为例来作简介。

8.2.5.1　覆层涂料施工工艺流程

建筑外墙覆层涂料施工工艺流程一般是:基层处理(包含清扫、局部嵌批、打磨)→弹分格缝→施涂底漆→施涂中间层→施涂面漆(根据质量等级要求,增加涂刷遍数)。

1. 基层处理

其主要目的是为了提高涂层的附着力、装饰效果和延长使用寿命。无论是外墙、内墙、地面，还是吊顶的基层，一般都是三种基层，即混凝土和抹灰基层；木料基层；金属基层。施涂的方法不同，整个施工工艺就有差异，而材料选用和工艺技师将直接影响涂料饰面的装饰效果。因此，从基层的处理工艺、涂料品种的选择到整个涂饰施工中的每一道工序，作为施工人员都应该重视。

合格的基层应具备：基层的 pH 值应在 10 以下，含水率应小于或等于 10%。溶剂型涂料施工的基层含水率应小于或等于 8%。基层表面应平整，阴、阳角及角线应密实，轮廓分明。基层应坚固，如有空鼓、疏松、起泡、起砂、孔洞、裂缝等缺陷，应进行处理。外墙预留的伸缩缝应进行防水密封处理。表面应无油污、灰尘、溅沫及砂浆流痕等杂物。

基层处理主要采取物理和化学的方法：

① 用手工工具清除基层表面比较容易清除的杂物、灰尘、锈蚀、旧涂膜等。

② 用动力设备或化学方法清除基层上不易清除的油脂、酸碱物等。

③ 当基层的颜色或性能与涂料不相容时，用化学等方法改变其颜色和性能，达到相容。

④ 用喷砂、化学侵蚀法对基层进行加工处理，使其表面粗糙，以提高涂膜的附着力。

常见基层的处理方法有：

(1)木质面基层

清除表面的污物、灰尘，使其洁净。当油污、蜡质等物质渗透到管孔中或渗出的树脂已被擦洗干净，要用虫胶漆进行封闭。对于管孔敞开型的木质基层，要做填平封闭处理。当基层颜色不均、深浅不一、存在色斑时，如涂饰透明涂料，为保证木纹的清晰效果，可进行漂白处理。

漂白处理的方法：用浓度 30% 的双氧水(过氧化氢)100mL，浓度 25% 的氨水 10~25mL 和 100mL 水进行混合稀释，把混合液均匀地涂刷在木材表面，经 2~3d，木材表面就被均匀漂白。

配制 5% 的碳酸钾(或碳酸钠)(1:1 的水溶液 1L，加入 50g 漂白粉)，涂刷木材板表面。待漂白后用肥皂水或稀盐酸溶液清洗干净。此法既能漂白又能去脂。

(2)水泥面基层

水泥面基层的化学特征是强碱性的，必须待干燥并消除碱性后方可施涂涂料。

① 清洁表面　清除表面杂物、灰尘、油污。对油性污物可用 5%~10% 的碱水清洗后，用清水洗净。对泛碱、析盐的基层，要用 3% 的草酸溶液擦洗，对泛碱严重或水泥浮浆多的部位可用 5%~10% 的盐酸溶液刷洗。注意酸液在基层表面存留的时间不宜超过 5min。

② 消除表面缺陷　主要用腻子填平，修补平整。

③ 增强基层的附着力　在基层上喷胶液，或涂刷基层处理剂。基层的一般刷浆或施涂水性涂料，可采用浓度 30% 的 108 胶水，也可采用浓度 4% 的聚乙烯醇溶液或稀释至 15%~20% 的聚醋酸乙烯乳液刷涂表面。如施涂溶剂型涂料，可用熟桐油加汽油配的清油涂刷基层面。

(3)石灰浆面基层

清除表面缺陷。对基层出现的裂缝、气孔、孔洞、小的蜂窝麻面可直接批刮腻子进行修补。当裂缝宽度在 6mm 以上或孔洞直径在 25mm 以上时，要将裂缝修切成倒 V 字形，用水将裂缝润湿，用石灰砂浆嵌填；修补面低于表面 1mm 时，晾干后用半水石膏修补平整。

对泛碱和油性物的处理：发现泛碱，用正磷酸溶液刷洗泛碱处，待 10min 后用清水冲洗干净；玻璃纤维和加气石膏基层存在油性物，可用松香水擦涂，否则有助于霉菌生长，引起涂膜脱落。

（4）金属面基层

金属面基层容易被氧化，产生氧化皮，遇强腐蚀性介质容易被腐蚀。为了增强金属面层的附着力，要对其基层表面进行处理。处理方法：一是除锈，手工和机械除锈同时使用，一直到打磨光亮。二是酸洗，用体积分数 15%～20% 的工业硫酸和 80%～85% 清水配制成稀释的硫酸溶液浸泡涂刷，待铁锈清除后，取出用清水冲洗干净并进行中和处理（再用浓度 10% 的氨水或石灰水浸泡一次），最后用清水冲洗干净。三是除油，可选用碱液除油，也可以用有机溶剂除油，后者不损伤金属，缺点是易燃、成本高。

（5）旧涂膜基层

实际上就是清除旧涂膜。对旧涂膜可根据其附着力的强弱和表面强度的大小，决定是全部清除还是局部清除。对于涂层并没有老化，只是因为更新需重新施涂的，要考虑其新旧涂膜的相容性，如相容性好，只要将旧涂膜表面清洗干净就可以涂刷涂料；不相容的要进行全部清除。

几种常用的旧基层处理方法：

① 刷洗法　主要用于胶质涂料残存涂层。

② 刀刮法　主要用于清除钢门窗涂层等金属基层。

③ 火喷法　用喷灯火焰烧旧膜，边喷火焰边铲去烧焦涂膜，烧与铲要配合好。若已烧焦的涂膜不立即清除，冷却后就很难清除。

④ 加碱法　用少量火碱（氢氧化钠）溶解于清水中，加入少量石灰配成火碱水，刷涂旧膜层，待旧膜起翘后进行清除。

⑤ 使用脱漆剂　脱漆剂在市场上有售，使用方法可参照产品说明书。

基层嵌批处理就是对基层的修补和找平。头道批刮腻子要实，力求与基层结合紧密；二道批刮腻子要平；三批要光，达到平平整整，利于打磨。批刮的顺序应从上至下、从左到右，先平面后阴、阳角，用力要均匀，以高处为准，一次刮下。木基层按顺纹批刮。收刮腻子要轻巧，防止腻子卷起。常见的基层嵌批处理方法见表 8.7。

表 8.7　常见的基层嵌批处理方法

序号	常见状况	嵌 批 方 法
1	水泥砂浆基层分离	水泥砂浆基层分离时，一般情况下都应将其分离部分铲除，重新做基层。当其分离部分不能铲除时，可用电钻（$\phi5$～$\phi10$）钻孔，采用不至于使砂浆分离部分重新扩大的压力往缝隙注入低黏度的环氧树脂，使其固结。表面裂缝用合成树脂或水泥聚合物腻子嵌平
2	小裂缝	用防水腻子嵌平。对于混凝土板材出现的较深小裂缝，应用低黏度的环氧树脂或水泥浆进行压力灌浆，使裂缝被浆体充满
3	大裂缝	先用手持砂轮或錾子将裂缝打磨或凿成 V 形口子，并清洗干净。然后用嵌缝枪或其他工具将密封防水材料嵌填于缝隙内，并用竹板等工具将其压平，在密封材料的外表用合成树脂或水泥聚合物腻子抹平
4	孔洞	一般情况下，$\phi3$ 以下的孔洞可用水泥聚合物腻子填平，$\phi3$ 以上的孔洞应用聚合物砂浆填充
5	表面凸凹不平	凸出部分可用錾子凿平或用砂轮机打磨平，凹入部分用聚合物砂浆填平，等硬化后整体打磨一次，使之平整

续表 8.7

序号	常见状况	嵌 批 方 法
6	接缝错位	先用砂轮磨光机打磨或用錾子凿平,再根据具体情况用水泥聚合物腻子或聚合物砂浆进行修补、填平
7	暴露钢筋	可将露面的钢筋直接涂刷防锈漆,或用磨光机将铁锈全部清除后再进行防锈处理。根据不同情况,可将混凝土进行少量剔凿,并将混凝土内露出的钢筋进行防锈处理后,再用聚合物砂浆补抹平整

在涂饰施工中,嵌批占用工时最多,要求工艺精湛。嵌批质量好,可以弥补基层的缺陷。所以除了要熟悉嵌批技巧和工具的使用外,根据不同基层和不同的涂饰要求,掌握、选择不同的腻子也非常重要。

打磨可以使涂层更平整密实,有助于表现涂料的装饰性。按打磨使用工具不同分为手工打磨和机械打磨;按打磨方式不同分为干打磨和湿打磨;按打磨用力不同分为轻打磨和重打磨或粗打磨和精打磨。

打磨前要注意:①憎水基层、批刮水腻子层、水溶性涂层采用干打磨。②硬质涂料或含铅涂料宜采用湿打磨。③涂膜坚硬不平时,选用坚硬的打磨工具。④腻子层或膜层干固后,打磨。

手工打磨砂纸、砂布的选用原则:按照打磨量、打磨程度,选择使用不同型号的砂纸、砂布;按照不同涂膜性质,选择布砂纸或水砂纸。打磨要求:先重后轻、先慢后快、先粗后细,磨去凸突,达到表面平整、线角分明的目的。

打磨机械主要适用于大面积的打磨。使用机械打磨主要应控制好打磨速度和打磨深度。

2.弹分格缝

根据设计要求进行吊垂直、套方、找规矩、弹分格缝。严格控制标高,保证建筑物四周交圈。外墙涂料施工分段进行时,应以分格缝、墙阴角处或水落管等为分界线和施工缝,垂直分格缝必须进行吊直,缝格应平直、光滑、粗细一致。

3.底漆施涂

一般是采用刷涂、滚涂和喷涂的方式将调好的底漆涂饰在处理好的基层上,一般施涂两遍以上,要求涂层均匀,不得漏涂(每涂饰一遍需间隔 2h 左右)。

4.施涂中间层

底层涂料施工完毕后,一般情况下间隔 2h 左右就可进行中间层施工。施涂前涂料应搅拌均匀,一般情况下只施涂一遍。当采用分段涂饰施工时,应以分格缝、墙的阴角处或水落管等为分界线和施工缝,要求涂层均匀,不得漏涂。

5.罩面层涂料施工

主层涂料干燥后,即可涂饰面层涂料。水泥系主层涂料喷涂后,先干燥 12h,然后洒水养护 24h,再干燥 12h,才能涂罩面涂料。涂罩面涂料时,可采用喷涂法和滚涂法,不得有漏涂和流坠现象。待第一遍罩面涂料干燥后,再喷涂第二遍罩面涂料。

8.2.5.2 厚质涂料的施工工艺

1.材料准备

常用厚质涂料有乙-丙乳液厚涂料、丙烯酸系列厚涂料、无机厚质涂料、浮雕漆厚质涂料等,可采用刷涂、喷涂、滚涂与弹涂施工。腻子、水泥、801胶、涂料均按设计要求选用。

2.常用机具

常用机具同前。

3.施工工艺流程和操作要点

厚质涂料施工的一般工艺流程为:基层处理(包含清扫、局部嵌批、打磨)→弹分格缝→施涂涂料→修整。

① 基层处理同前。

② 弹分格缝　按设计要求弹分格缝,注意垂直度及水平度等。

③ 施涂涂料　基层要干燥,一般施涂两遍。机械喷涂视质量要求可多喷几遍。

喷涂:喷涂作业时,手握喷枪要稳,涂料出口应与被涂面垂直,喷枪移动时应与墙面保持平行。喷枪运行速度应适宜并保持一致,一般为400~600mm/min。喷嘴与墙面的距离一般应控制在400~600mm,喷涂应逐行或逐列进行。横向喷涂运动路线为水平运动,行与行之间的搭接宽度为喷涂宽度的1/3~1/2;移动速度要均衡平稳,涂层的厚度为1~3mm。接槎要与其他部位厚度一致,以保持颜色一致。喷涂以达到施工质量要求为准,不限制喷涂的遍数。

刷涂:保持刷涂方向、行程一致。接槎最好留在分格缝处。干燥速度快的涂料要勤蘸短刷,一般刷涂不低于两遍。前一遍干燥后才能刷第二遍。

滚涂:辊筒蘸适量涂料,平稳轻缓地自上而下滚动,切勿蛇行。

弹涂:首先在基层上涂刷1~2遍同类涂料作底色涂层,干燥后方可进行弹涂。然后调节彩弹机,机口与墙面保持30~50cm的距离,垂直弹涂,速度要均匀。外墙压花型涂料,弹涂后要批刮压花,刮板和墙面间的角度宜在15°~30°之间,批刮应单向,不间隔,以防花纹模糊。弹涂不匀时要修补。

④ 修整　一是出现问题就及时修整,二是工程完工后进行全面检查,发现弊病后立即修整处理。

注意:本类涂料不得掺水和随意加颜料。涂料搅匀后使用,且中途仍要不断搅动。不需涂饰的部位要遮挡。要防止水分从涂层背面渗过来,先要做防水封闭层。不宜在夜间灯光下施工。施工后24h内不能淋雨,雨天严禁施工。

8.3　质量验收标准及通病防治

8.3.1　质量验收标准

1.水性涂料涂饰工程

适用于乳液型涂料、无机涂料、水溶性涂料等涂饰工程。

(1)涂饰质量主控项目

所用涂料的品种、型号和性能应符合设计要求;颜色、图案应符合设计要求;应涂饰均匀、粘结牢固,不得漏涂、透底、起皮和掉粉。

(2)涂饰质量一般要求

薄涂料涂饰质量要求见表8.8。

表8.8　薄涂料涂饰质量要求

项次	项　目	普通涂饰	高级涂饰
1	颜色	均匀一致	均匀一致
2	泛碱、咬色	允许少量、轻微的	不允许
3	流坠、疙瘩	允许少量、轻微的	不允许
4	砂眼、刷纹	允许少量轻微砂眼,刷纹通顺	无砂眼、无刷纹
5	装饰线、分色线直线度允许偏差(mm)	2	1

厚涂料涂饰质量要求见表8.9。

表8.9　厚涂料涂饰质量要求

项次	项　目	普通涂饰	高级涂饰
1	颜色	均匀一致	均匀一致
2	泛碱、咬色	允许少量、轻微的	不允许
3	点状分布	—	疏密均匀

复层涂料涂饰质量要求见表8.10。

表8.10　复层涂料涂饰质量要求

项次	项　目	质量要求
1	颜色	均匀一致
2	泛碱、咬色	不允许
3	喷点疏密程度	均匀,不允许连片

2.溶剂型涂料涂饰工程

适用于丙烯酸酯涂料、聚氨酯丙烯酸涂料、有机硅丙烯酸涂料等涂饰工程。

(1)涂饰质量主控项目

所选用的涂料品种、型号和性能应符合设计要求;颜色、光泽、图案应符合设计要求;应涂饰均匀、粘结牢固,不得漏涂、透底、起皮、反锈;基层处理应符合有关规定。

(2)涂饰质量的一般要求

色漆质量的一般要求见表8.11。

表8.11　色漆质量的一般要求

项次	项　目	普通涂饰	高级涂饰
1	颜色	均匀一致	均匀一致
2	光泽、光滑	光泽基本均匀,光滑、无挡手感	光泽均匀一致,光滑
3	刷纹	刷纹通顺	无刷纹
4	裹棱、流坠、皱皮	明显处允许	不允许
5	装饰线、分色线直线度允许偏差(mm)	2	1

注:无光色漆没有光泽度要求。

清漆的涂饰质量要求见表 8.12。

表 8.12 清漆质量的一般要求

项次	项　目	普通涂饰	高级涂饰
1	颜色	基本一致	均匀一致
2	木纹	棕眼刮平、木纹清楚	棕眼刮平、木纹清楚
3	光泽、光滑	光泽基本均匀,光滑,无挡手感	光泽均匀一致,光滑
4	刷纹	无刷纹	无刷纹
5	裹棱、流坠、皱皮	明显处允许	不允许

8.3.2 质量通病及防治

涂饰质量通病的最大特点是多发性、复杂性和顽固性,属于质量缺陷。工程技术环节、工程施工环节、工程管理环节都有可能导致通病的发生。如表 8.13、表 8.14 所示。

表 8.13 基层处理环节的质量通病及防治

项次	现象	产生原因	防治方法
1	基层粉化	腻子的粘结强度不够,掺入的稀释剂和胶粘剂不相容或加水过多	严格按照配合比和调和顺序调配腻子,注意溶剂与胶粘剂的相溶性
2	基层裂纹	填补的孔洞、裂缝中有灰尘、杂物,接触面不洁,嵌填不实;腻子的胶性小,稠度大;一次披刮太厚,干缩龟裂	把嵌填裂缝等部位清除干净,必要时刷涂粘结剂,重填;嵌补孔洞,裂缝用腻子量大,可分批分层填补;增加腻子胶粘剂的用量,适当稀释
3	起皮	基层表面有浮尘、油污、隔离剂等;腻子胶性小,粘结强度差;腻子调制较硬、较稠,和易性差;嵌批腻子过厚	清洁基层表面,若基层表面太滑,应涂刷粘结剂;调制腻子掺入胶液要适量;批刮腻子不宜太厚,批刮次数不宜太多

表 8.14 涂料涂饰环节的质量通病及防治

项次	现象	产生原因	防治方法
1	颜色不一	色漆施涂时间过长,颜料沉淀,上浅下深;基层吸色能力不一致;膜层厚度不一	施涂时经常搅动涂料;当木制品软硬混用时,硬木上色浓一点;涂料涂刷均匀一致
2	刷纹	涂料流平性差,表面张力过小;底层面吸收性强,施涂发涩或刷毛太硬,涂膜未待流平表面已干燥;涂料储存时间较长,开罐搅拌不充分	选择优质涂料,稠度调制适中;基层处理后,施涂清油一遍封闭基层,减缓吸收面层涂料速度;大面积出现刷纹时应打磨平整后重新涂刷

续表 8.14

项次	现象	产生原因	防治方法
3	咬色、渗色	木材基层面疤结等缺陷没有进行虫胶清漆封闭,或涂膜被抹灰面中的碱侵蚀;基层沾有油污或被烟熏,施涂面层后底色泛上面层;旧涂膜中含有油溶性颜料或油渗性很强的有机颜料	基层要严格按照规定进行处理;咬色严重的应重新施涂面漆
4	疙瘩	基层表面不平,尤其对凸出点、块部位没有进行处理;喷涂移动速度、距离和气压不一,造成涂层凸起	对腻子接痕、疤痕凸起部位应打磨平整;应使用干净的材料、工具,防止杂物混入涂料中
5	流坠	基层表面有油、蜡等杂质,或含水率过高,或基层表面太光滑;刷涂涂料厚薄不均,或涂料油分太重,或掺入稀释剂过量;采取喷涂,喷嘴口径太大,喷枪嘴与饰面基层距离不一,压力不匀,涂层厚度不一;选用涂刷太大,毛太长,一次蘸油、刷油太多;涂料中含重物质颜料太多(如重晶石粉),颜料润湿性能不良	基层处理符合质量要求,基层表面太光滑可施涂粘结剂,增加粘结强度;合理调整涂料稠度;采用喷涂应比刷涂黏度小,温度高时黏度小;施涂涂料要符合工艺要求,线棱处避免涂料聚集,用油刷轻轻理开、理顺;对轻微流坠用砂纸打磨平,对大面积流坠严重的应进行清除,重新施涂
6	泛碱、泛白	基层碱性大,没有做封闭处理,碱析出表面,破坏涂层,涂料不耐碱,或有泛碱材料	对基层处理必须符合质量要求,施工环境必须干燥、通风;低温施工时要少用或不使用108胶作为浆液,涂料中适当加入分散剂和抗冻剂泛碱轻微时,用砂纸打磨,磨尽白霜,再涂饰一层涂料;大面积严重泛碱的,分析泛碱原因,采取有效措施,如铲除后重新涂饰
7	砂眼	基层表面小孔洞,没有被嵌批填实,内有空气;批刮腻子,打磨粗糙又没有彻底清除粉末,虚掩小孔洞	在混凝土基层表面嵌批蜂窝麻面部位反复批刮,注意排净孔内空气;对有严重砂眼的涂层面,刮批腻子填平嵌实,再施涂面层涂料
8	失光、倒光	底漆未干透,吸收面层光泽,或底层粗糙不平使光泽不足,施工时遇天冷水蒸气凝聚于涂膜表面,或空气湿度过大,或被灰尘玷污;木基层含有碱性植物胶,或金属表面有油污,喷涂硝基漆后泛白;涂料内加入过量稀释剂;涂料耐候性差,经日晒失去光泽;基层表面有油、树脂	可以用远红外线照射,加速膜层干燥;采用醇溶性漆或硝基漆施涂,注意温度、湿度环境的控制,或加入少量防止泛白的防潮剂;可在失光表面层用砂纸轻轻打磨后,清扫干净,重新涂刷面漆,或在失光的表面涂饰一遍掺入防潮剂的面漆

项次	现象	产生原因	防治方法
9	皱皮	施工时或刚施工后,遇高温、暴晒;防锈漆、油性调和漆等长油涂料最容易出现此现象;干燥时间不一的涂料混用;刷涂涂料厚薄不匀,固化时间不一致;涂料稠度过高	避开不利的施工环境或采取必要的控制措施;宜加入适量催干剂;如涂层附着力较好,磨平、磨光,重新施涂面层;若附着力差,应将涂层清除,打磨平整,重新施涂
10	反锈	基层表面铁锈、酸液、水分等没有被清除干净,基层生锈破坏膜层;漏刷涂料,或膜层有针孔眼;刷涂涂料太薄,水汽或腐蚀气体透过膜层腐蚀基层表面	基层经处理后,立即进行底漆封闭,涂刷防锈漆略厚一点,最好两遍;可选用氯磺聚乙烯带防锈防腐新型涂料;清除已产生锈斑的涂膜,重新施涂

8.4 成品保护和安全生产

8.4.1 成品保护

施工前必须事先把门窗框、栏杆等成品遮盖好,铝合金门窗框必须有保护膜,并保持到快要竣工需清擦玻璃时为止。避免涂料污染已有成品。要注意保护好楼地面面层,不得直接在楼地面上拌灰。推小车或搬运东西时,要注意不要损坏口角和墙面。涂刷工具不要靠在墙上。严禁蹬踩窗台,防止损坏其棱角。拆除脚手架时要轻拆轻放,拆除后材料堆放整齐,不要撞坏门窗、墙角和口角等。

8.4.2 安全生产

建筑涂饰工程有其特殊性,需要经常登高作业,经常接触易燃、易爆、有毒气体和放射性物质等。为避免事故发生,要始终坚持"安全生产,人人有责"的原则。

(1)现场应设置专门的安全员监督保证涂饰施工环境没有明火。应按要求悬挂张贴防火标志牌。施工现场严禁设置涂料仓库,涂料仓库内应有足够的消防设备。在进行易燃涂料涂刷施工中,禁止靠近火源。也不得在有焊接作业下边施涂油漆边工作,以防发生火灾。易自燃的涂料要分开保管,通风要良好。

(2)涂刷作业时操作工人应佩戴相应的劳动保护用品,如防毒面具、口罩、手套,以避免因皮肤接触化工涂料而引起皮肤病。施工现场必须有充分的通风条件,在室内施工时应开窗作业,确保空气流通。当受到施工环境限制没有通风可能时,应缩短作业时间,采取轮班作业或使用呼吸保护装置,避免中毒或窒息事故的发生。

(3)在高空作业时施工人员必须使用安全带,室外施涂一定要搭好脚手架方能进行,使用吊篮作业时应注意吊绳的可靠性。使用双梯作业时,两梯之间要系绳索,不准站在双梯的压档上作业。

(4)严禁在民用建筑工程室内用有机溶剂清洗施工用具。

复习思考题

8.1　施涂涂料对基层品质有哪些要求?

8.2　处理基层有哪些主要方法? 试举例说明。

8.3　简述对木质面基的处理方法。

8.4　简述对石灰浆基层的处理方法。

8.5　涂饰涂料的主要工序有哪些? 一般常用的有哪几种涂刷方法?

8.6　嵌批腻子有哪些操作要领?

8.7　涂饰工程对基层的含水率有何要求?

8.8　建筑涂施工程施工时对环境有何要求?

8.9　涂料饰面工程有哪些质量通病? 应采用哪些防治措施?

8.10　装饰涂料饰面的构造大致分哪为几个部分? 它们分别有什么作业?

参 考 文 献

［1］ 郝书魁.建筑装饰工程施工工艺.上海:同济大学出版社,1998.

［2］ 王汉立.建筑装饰构造.武汉:武汉理工大学出版社,2004.

［3］ 陈保胜.建筑装饰工程施工.北京:中国建筑工业出版社,1995.

［4］ 中国建筑装饰协会培训中心.建筑装饰装修职业技能岗位培训系列教材.北京:中国建筑工业出版社,2003.

［5］ 田正宏.建筑装饰施工技术.北京:高等教育出版社,2002.

［6］ 纪士斌.建筑装饰装修工程施工.北京:中国建筑工业出版社,2003.

［7］ 崔东方.装饰工程施工.北京.高等教育出版社,2007.

［8］ 建筑装饰装修工程质量验收规范(GB 50210—2001).北京:中国标准出版社,2002.

［9］ 周雄鹰.建筑装饰工程施工.武汉:中国地质大学出版社,2006

［10］ 建筑工程公司.建筑工程装饰装修工程施工工艺标准.北京:中国建筑工业出版社,2003.

陕西古建筑测绘图辑

Shaanxi Historic Buildings Measured and Drawn: Jingyang & Sanyuan

泾阳·三原

林源 岳岩敏 著

Lin Yuan Yue Yanmin

中国建筑工业出版社